U0458403

猴面包树

与亚里士多德一起投入行动

[法] 达米安·克莱热-古诺 著　魏琦梦 译

上海三联书店

献给

玛戈和保罗

冲破创造的桎梏，

凝聚壮举的血气，

乃一切光芒之义务。

——勒内·夏尔，《愤怒与神秘》

目录

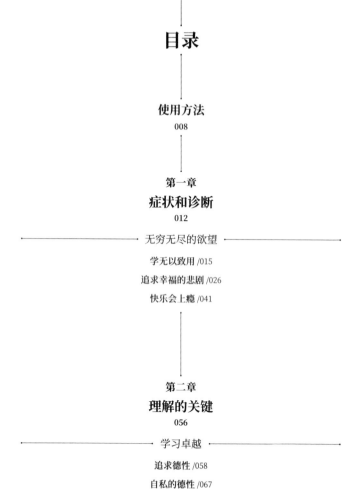

使用方法

008

第一章

症状和诊断

012

———————— 无穷无尽的欲望 ————————

学无以致用 /015

追求幸福的悲剧 /026

快乐会上瘾 /041

第二章

理解的关键

056

———————— 学习卓越 ————————

追求德性 /058

自私的德性 /067

快乐在行动中 /075

良好倾向的重要性 /087

第三章

行动指南

100

—— 向有德之人看齐 ——

良好习惯的重要性 /103

感受，一种审美教育 /114

聪明和实践理性 /124

理性，我们的保护盾 /138

第四章

生命意义解读

156

—— 中道之德 ——

德性就像走钢丝 /158

追随儿时英雄的脚步 /167

人是理性的动物 /175

生平介绍

186

阅读指南

192

使用

方法

　　这本哲学书和其他哲学书不太一样。哲学一贯的目标，是让我们更了解自己，从而改变我们的生活。但是，哲学书籍往往过于关注真理问题，苦心孤诣地挖掘理论基础，却忽略了实际应用。我们将反其道而行之。我们关注的，是如何使用杰出的哲学理论来改变行动，改变生活。我们将着眼于日常的点滴，关注我们看待生命的视角，以及我们赋予生命的意义。

　　要想改变行为，首先要改变思维。每个人都值得获得幸福和实现自我，但要实现这两者，首先要做的是思考。这本书不会给你简单的自我满足感获取方法或简易药方（像某些个人成长读物提供的那样）。新的行动和生活方式，需要新的思维方式和自我认识。因此，我们将与思想进行碰撞，发觉思想的乐趣，并通过思想的力量改变生活。

　　我们将先带领读者思考相关概念，再帮助读者思考自身。为此，我们需要先找到问题之所在，然后用新的理论解读问题，最后才能真正用行动解决问题。只有在改变了思维、感觉和行为的方式之后，我们才能进一步提出和生命有关的更宽泛的问题，这其中也包括生命的意义。因此，在本套丛书中，每本书都采取了相同的脉络，分为下面四个部分：

一、症状和诊断

首先，我们将确定需要解决的问题：是什么在折磨我们？我们的境遇是由什么造成的？如何准确理解我们的歧途和错觉？找到问题之所在，便是走出解决问题的第一步。

二、理解的关键

哲学能为理解带来什么？为了更好地实现对生命的掌控，应当如何改变自己的视角？在这一部分中，读者将了解到哲学家最富创新性的观点，从而学会用新的视角认识自己。

三、行动指南

有了新的认识之后，该如何运用它改变我们的行为和生活方式，如何把新学到的哲学知识运用到日常生活当中？思维将如何改变行为，行为又将如何改变我们？在这一部分中，读者将找到可以运用于日常生活中的方法和手段。

四、生命意义解读

最后，我们将介绍哲学家相对更"形而上"、更具有思辨性的理论。如果读者此时已经学会更好地管理日常生活，现在要做的，就是为生活经验赋予新的意义框架。先前传授的方法、用于改善生活的手段，在这一部分将与生活的终极目的串联起来。为了回答目的的问题，我们需要动用形而上学层面的整体世界观，以及关于我们在世界中的位置的思考。

这本书不仅仅是一本读物，也是一本行动指南。每章介绍的观点都与生活中的具体问题相结合。我们邀请你跳出被动的读者的角色，反思你的生活经验，直面问题并诚实回答它们。除了问题外，本书还会提供具体的练习，来帮助你将哲学家的教诲运用到生活中。希望你找到合适的机会，主动地练习和运用学到的智慧。

这场旅程，你准备好了吗？也许它有时会枯燥，也许它有时会让你吃惊。做好被颠覆的准备，也为新的思维方式，也就是新的生活方式做好准备。这场旅程不仅将带领你穿越到公元前四世纪，近距离接触哲学家的思想，也将带领你直抵内心深处。随着你翻动手中的书页，放开自己来和问题、思想碰撞，你将发现亚里士多德的思想会怎样改变你的生活。

第一章

症状和诊断

无 穷 无 尽 的 欲 望

痛苦本身就让人够受的了，为什么还要火上浇油，在痛苦上头浇上后悔？"哎，我就应该……""我当初不应该……""我好像不应该那样回应"，我们反复念叨着，思索着为什么，在脑海里上演着那些虽然自己可能没有选择，但好像又可以避免的情景，内心追悔莫及。

觉得自己做错了，这种想法是对还是错呢？毕竟，发生在自己身上的事情，不完全是我们自己的责任。那些时不时降临的事件——意外事故、爱人的变心、身边人毫无预兆地故去等，往往让我们措手不及，毫无防备之力。但是，这些事件的发生尽管不取决于我们，却要求我们对其做出反应。我们如果无法对它们的发生负责，至少能对接受它们的方式、对我们面对它们的方式负责。但在这个环节，因为我们必须行动、必须应对，所以有时我们会做出错误的决定，于是这不仅没有削弱痛苦，反而让它加重了。

这种无能，这种缺乏远见，这种让人痛心的拙劣，它来自哪里呢？根据一个开端远早于亚里士多德，又延续到亚里士多德之后很久的思想传统，它是无知的恶果。毕竟，谁不想发挥自己的潜能，过上精彩绝伦的生活呢？那么，当我们失败时，当我们一次又一次做出做完就后悔的错误决定，不断加重自己的痛苦时，罪魁祸首是谁呢？难道不是无知吗？但是，在很多情况下，我们清楚地知道自己做的事毫无道理可言，自己的反应简直不可理喻——是的，明明知道很蠢，但我们好像就是没有办法不那么做。就好像我们不愿意寻找解药，好像解除痛苦是我们最不关心的事情似的。这么看来，拥有知识显然是不够的。

更糟的是，知识有时是个陷阱。理解的欲望、戳破假象的固执、对行为背后原因的反复思索，这些行为实际上常常是为了拖延时间。我们求知，是为了不去改变，因为改变脑海里的想法比改变自己简单，或者因为改变了说辞之后，好像就更容易说服自己，自己已经改变了。这时，哲学实践就变成了一种逃避，用来推迟问题的实际解决时间。要说哪位哲学家对这种恶习的声讨最为响亮，那莫过于亚里士多德了：

　　但是多数人……满足于空谈。他们认为他们自己是爱智慧者，认为空谈就可以成为好人。这就像专心听医生教导却不照着去做的病人的情形。正如病人这样做不会使身体好起来一样，那些自称爱智慧的人满足于空谈也不会使其灵魂变好。[1]

——《尼各马可伦理学》，第二卷，1105b

实际上，问题的关键不在这里，而在另一个层面上，这也正是亚里士多德的高见。假如我们对自己不满意，我们受够了痛苦，想要改变生活中的不如意，需要做的可不仅仅是改变观念那么简单……

学无以致用

我们生活中问题的根源并不是无知，因为知识无法告诉我们，什么是"好"，什么是"坏"。好坏的问题，是偏好的问题，也是欲望的问题。

何以知善恶？

我们希望知识告诉自己应当做什么，希望知识为我们树立目标、指明方向。然而，这并不是知识的角色。我们希望它在我们的行动中所起的作用，既不在它的能力范围之

1　亚里士多德著《尼各马可伦理学》，廖申白译，商务印书馆，2003。除另有说明，后面的引文均采用这个译本。

内，也不是它应该做的：

> 运动的原因也不可能是推测能力，或者说是被称为
> "心智"的东西；因为，作为思辨能力，心智从不思维任何
> 实际的事情，它从不确定说什么应该回避，什么应该追求，
> 而这种运动却总是存在于回避或追求某物的东西之中。的
> 确，即使心智意识到这样的东西，它也不直接下命令去追
> 求或回避。[1]

——《论灵魂》，第三卷，9

知识被认为能够让我们辨别真假。它描述现实，但不
对其进行评价：它叙述着什么是"是"，但在什么"应该是"
的问题上不做表态。比如说，知识可以告诉我们，过于诚
实有时会伤害友谊，但它无法告诉我们，是否应当总对朋
友说真话；它可以告诉我们，不幸的童年需要一生来治愈，
但它无法告诉我们，是否应当试图摆脱这些创伤对我们的
影响。对于许多艺术家来说，痛苦是创造力的源泉，如果
他们试着去过得更好，天赋反而会被削减。

---

1 亚里士多德著《论灵魂》，王月、孙麒译，外语教学与研究出版社，2012。除另有说明，后
面的引文均采用这个译本。

知识规定事实，而不是规范。然而，众多专家和科学界人士错以为，他们的理论水平为他们赢得了审判的资格。如果一个人痛苦到无以复加，认为生不如死，医生有权力决定延续他的生命吗？医生的专业知识让他有能力留住这条生命，让它延续下去，但医生无法决定痛苦的生活是否比迅速了结更值得选择。

想要的都是好的

说一个东西是"好的"，或者说什么样"就好了"，不外乎是在表达一种欲望。欲望不仅是运动的驱动力，也是有关什么应当被认定为"好"的判断。每个欲望都对应着一个理性的想象：

总之，……因为动物有欲望能力，它就能够自我运动；如果它没有想象，也就没有欲望能力。

——《论灵魂》，第三卷，10

所以，欲求一个东西，其实隐含着认定它是"好的"的评价，也就是关于它的性质的判断。诚然，我们有时会自欺欺人，欲求自己明知有害的东西。但是，如果真的确信一个东西不好，我们还会渴望它吗？如果我们仍然想要它，那是因为，抛开所有我们愿意承认的缺点，在我们看来，它整体上还是"好的"。比如，一个女人可以看到一个男人身上无数的缺点，甚至在朋友面前声称他一无是处，但还是想要追求他。事实上，这个女人一定在那个男人身上看到了什么东西，让她可以忽视他的一切缺点，无论这些缺点有多么明显。当她对朋友说"对，你说得对，他确实一无是处，我也不知道我看上他什么了"的时候，她并不相信自己的话，尽管她可能自己都没有意识到在自欺欺人。

说得客气一点，这类话语反映了我们在解释自己的偏好时的窘迫；说得不客气一点，它们是我们为了逃避他人的评价，像"剧场的演员"[1]背台词一般说出的谎言。我们说着他人希望从我们口中听到的话，让他们看到，我们的欲望和我们的真实意见相悖。然而，事实并非如此：如果他人说起我们渴求之人的坏话，我们会觉得十分刺耳，这便可以看出欲望和意见并不相悖。如果我们对于一个人的看法与我们对于这个人的感觉毫无关系，我们听到这些批

1　《尼各马可伦理学》，第七卷，1147a。

评时当然不会在意。但是，它们听上去有失公允乃至不堪入耳，这正是因为，渴望一个人，就是认为这个人是好的。我们很难接受反驳和劝阻，反而感觉他们"不怀好意"。

好的也是想要的

反过来说，认为一个东西是好的，说明想要立即得到这个东西。

因此，欲望有两个方面：理智（认为某个东西值得拥有）和行动（为了获得这个东西而付出努力）。

一旦思维灵魂肯定或否定它们（事物）为善或恶时，它就回避或追求之。

——论灵魂，第三卷，7

因此，肯定和追求密切相关，否定和逃避密切相关。我如果相信一个东西是好的，就会不由自主地追求它。在体育场观众席上的球迷眼中，支持的球队若能获得胜利，便是一件大好事，以至于他们不由自主地紧张起来，好像自己也是球队的一员，与他们一起追求胜利。他们捶腿跺脚，仿佛自己也在绿茵上驰骋。关键时刻来临，他们的呼吸也变得沉重起来。比赛获胜，他们的快乐无与伦比；惨遭失利，他们的痛苦也无以复加。仿佛他们自己也参与了交锋。他们可不是在单纯地观赛，而是亲身体验着比赛。面对他们认为稳操胜券的比赛时，他们的运动器官也会更加活跃。

而对体育毫无兴趣的人，看到球迷在电视机前手舞足蹈到满身大汗乃至癫狂，可能很难理解他们的狂热。这是因为，和球迷不同，他不认为球队的胜利是百分百值得追求的目标。甚至可以说，他还有点不屑，认为他目睹到的狂热是幼稚的，这便造就了他的镇静乃至超脱。缺少真诚的信念，便没有欲望，自然也就没有任何理由让他在沙发上手舞足蹈。

从无欲到有明显的欲望

由此可见，欲望是一种信念，而且它越是明显，就越是强烈。比如说，如果需要反复思考自己想做什么，就意味着欲望的薄弱。因为欲望不够强烈，它无法为我们指明方向。

在家待着无聊的小孩会不停地嚷嚷，他不知道要干什么。他的困境显然不是找不到事情做，而是源于欲望的疲弱，这正是无聊的标志。小孩不知道做什么，不停地问自己做点什么好，这是因为他对什么都没有欲望。不幸的是，他越是不活动，他的欲望也就越少，他越是不行动，他的欲望能力越是衰退。没有了欲望之后，他便不知道该做什么了，任凭无聊肆意生长。

同样地，当我们的欲望不够强烈时，更容易受外界的影响，在交涉中败下阵来。没有什么强烈信念的人总是很容易委曲求全，他很容易就放弃自己的立场，不做争取，冲突还没开始就甘拜下风。按道理说，通情达理是一种美德，是理性、诚实的标志。但事实上，这种倾向实际是欲望不明确、无法明显体会到自己想要什么的症状。如果我们对什么都不坚定，便很容易对什么都妥协。

欲望的标志是它的直接：它直接表明自己的存在，不需要我们做任何思考。

医生并不考虑是否要使一个人健康，演说家并不考虑是否要去说服听众，政治家也并不考虑是否要去建立一种法律和秩序，其他的人们所考虑的也并不是他们的目的。他们是先确定一个目的，然后来考虑用什么手段和方式来达到目的。

——《尼各马可伦理学》，第三卷，1112b

否则，我们得将一切纳入讨论的范围，陷入无休止的讨论，永远找不到契合点。亚里士多德将这点类比为演绎证明：因为推理可以无穷尽，所以必须找到一个出发点，也就是前提，从前提出发才能开始演绎证明。这是数学中的公理和假设的作用，它们是一切论证的基础。所得结论是否合理也取决于此：假如前提不是无可争辩的，那么结论便也是成问题的。只有从无可争辩的前提逻辑出发，结论才具有说服力。作为逻辑学之父，亚里士多德将推理总结为三段论。根据三段论，给定某些前提，可以自然而然地得出某个结论。而在实践的领域，承载前提功能的正是欲望。

> 在实践中，目的就是始点，就相当于数学中的假设。
>
> ——《尼各马可伦理学》，第七卷，1151a

前提不同引起多少争端

如果我们敢于承认，欲望是实践推理中的前提，那么和他人的许多分歧便会迎刃而解。为什么在争论中，我们经常会觉得自己白费口舌，无论自己说什么，对方都听不进去，无论自己怎样尝试说服对方，对方都不可能同意我们的观点？他们是故意唱反调，还是听不进去道理？大多数时候，不和的原因其实在于前提不同，也就是所欲求的东西不一样。我们无休止地辩论，搬出我们认为无懈可击的论证，但由于双方从不同的前提出发，我们的结论在对手看来便永远是错误的。

这也是为什么世俗智慧告诫我们，不要在饭桌上讨论政治问题。关于堕胎争议、同性婚姻、移民问题、税收制度的争论，有时会涉及十分专业的问题，这会让我们错误地认为，这些问题是由专业知识和专家经验得出的理论结论决定的；一些人是对的，一些人是错的，而错的人不知道自己在说什么。所以，有必要通过语言说服他们，因为知识可以消除无知。其实不然，问题的根源在别处：分歧之所以产生，不是因为个人能力差异，而是因为追求的东西截然不同。借用几个老生常谈的例子：有些人偏爱秩序，有些人更爱正义；有些人渴望平等，有些人追求自由；有些人捍卫宗教的诫命，有些人更崇尚自由支配生命高于一切，等等。

这些争论，再长的论证都无法解决，因为它们不属于知识的范畴，而是属于偏好的领域。而在这里，知识并没有发言权。

知识是欲望的工具

知识能做的，不过是告诉我们实现目标的最好方式是什么。从实用角度看，它是保障我们行动切实有效的工具。然而，正是知识的这种有用性，容易让它成为恶行的帮凶。一个心术不正的人，越擅长将计划付诸实践，对自己和他人的危害就越大。我们都认识这样的人，他们聪慧过人，却（相当矛盾地）是我们当中最丧心病狂的，因为他们把自己的聪明才智都用在了荒诞的欲望上。于是，他们的理论能力便不再是优势，反而引领他们在歧途上越走越远，不禁让人感慨，这么聪明的人，怎么思维那么不可理喻！他们才思敏捷，可以把实践推理演绎到极致，但由于他们的欲望是扭曲的，因此他们行为的结果是荒谬的。不过在他们看来，自己行为的结果完全合理，因为他们不认为自己的前提有什么不正当的地方。这里就有一个很有意思的区分，也就是亚里士多德笔下值得称赞的聪明和狡猾的区别。

有一种能力叫作聪明，它是做能很快实现一个预先确定的目的的事情的能力。如果目的是高尚（高贵）的，它就值得称赞；如果目的是卑贱的，它就是狡猾。

——《尼各马可伦理学》，第六卷，1144a

因此，指望仅靠知识就从我们所处的困境中解脱是不靠谱的。如果我们想要理解为什么自己的生活经常发生悲剧，应当先从欲望身上寻找答案。

与亚里士多德一起反思

1. 请观察一下，在和他人辩论时，你经常援引的论据里，是否隐藏着自己没有承认的欲望？哪些话题会引发你异乎寻常的强烈负面情感？比起未受阻拦的欲望，挫败的欲望更容易被人察觉，而愤怒往往是欲望的另一副面孔。

2. 对于"今天晚上你想干什么"这个问题，你最经常做出的回答是什么？如果你习惯性地回答："你想干什么？我都行。"那很可能不是出于礼貌，而是由于缺乏欲望。如果这种状态持续很久了，那是时候问下自己，为什么自己的欲望如此之少了。对于许多人来说，说出"我想要"十分不容易，这是因为我们不被允许表达欲望太久了。在强势的父母、严厉的老师、专横的老板面前，我们习惯了服从，于是越来越迁就别人，自己的欲望也越来越少。

3. 你是否发现，在生活的各个方面（体育、做饭、性爱等），不行动或者缺乏锻炼会让欲望减少？做得越少，就越不想做。相反，一旦开始行动，从冬眠中觉醒的欲望便再也按捺不住。

4. 你是否总是经历同样的挫败（友谊、爱情、职场等），无论在新的机会面前如何提高警惕，都很难不重蹈覆辙？切莫觉得自己是受了诅咒。罪魁祸首可能不是你的行为方式，也不是缺乏运气，很有可能是你的欲望。或许是你对于某些事情或者某类人的欲望注定你会反复陷入类似的困境中。

追求幸福的悲剧

提到欲望，我们往往会想到一个个互有交集却杂乱无章的目标。事实上，欲望的世界比我们想象的要有条理得多。

欲望的背后

许多时候我们渴望一些东西，或者说我们自以为渴望一些东西，实际上并不是渴望它们本身，而是为了另一个目的，但这个过程不一定是有意识的，而最终的目的也经常是我们没有承认的。在这方面，精神分析学可以给出很好的例子：咨询对象经常会发现，在他们无比渴求的东西背后，其实隐藏着另一个欲望。

当然，亚里士多德不是弗洛伊德，他没有说我们的欲望被"压抑"到无意识中，而是说我们的欲望是如此错综复杂，以至于我们自己难以理清。有时，环环相扣的欲望之链是如此之长，以至于我们很容易忘记，最初驱使我们采取行动的是哪一环。于是，我们在走了一半的道路上继续前行，却忘记了目标和方向，于是，手段有时成了目的。比如说，有些人花费大量时间研究理财，却忘记了最初想要赚钱的目的。

忘记初心后

由此可见，即使最初促使我们采取行动的目的早已消失，但采取这些行动的欲望仍会持续下去。退休的人想要继续早睡早起，保持以往的习惯，好像他仍要工作一样。就好像继续这些手段，可以让已经不可能的目的换一种方式延续下去。

而有时却恰恰相反，目标的消失让行动突然变成徒劳，变得荒谬，变成可鄙的"手段"。"既然她已经离开了这么努力还有什么用？"失恋心碎的人自问道，"起床、吃饭、穿衣、努力工作还有什么意义？我只想为她而活……"目的突然消失的时候，其意义尤为凸显。当我们不再有理由行动，行动便成为没有来由的"孤儿"。目标不复存在的时候，我们反而更能体会到为它采取的那些行动的意义。

目的和手段的复杂组织

由此可见，我们的欲望是串联着目的和手段的复杂组织。根据亚里士多德的观点，这一组织最具代表性的是在政治领域，在各种职业的组织中。

选择让一些实践从属于另一些实践，不只是出于技术的考虑。一个社会中职业的组织或许体现了效率的需求，就像企业的组织结构图体现的一样。但是，效率永远服务于某个先于它的目的，而这一目的很少被明确表述出来。

比如说，斯巴达的整个政治体系都为一个目的——军事服务。从儿童教育、家庭组织到社会阶级，一切都是为了保障城邦的军事优势而构建的。现代人看到它对经济和文化繁荣的无视，大概会认为这种组织十分缺乏效率。但这一组织是合理的，因为它将战士置于至高的地位。

　　医术的目的是健康，造船术的目的是船舶，战术的目的是取胜，理财术的目的是财富。几种这类技艺可以都属于同一种能力，例如制作马勒的技艺和制造其他马具的技艺都属于骑术，骑术与所有的军事活动又属于战术，同样地，其他技艺又属于另一些技艺。在所有这些场合，主导技艺的目的就比从属技艺的目的更被人欲求，因为后者是因前者之故才被人欲求的。

——《尼各马可伦理学》，第一卷，1094a

　　时代流转，习俗变迁。今天，自由的创业者代替了凯旋的装甲兵[1]，职业不再是围绕军事胜利的目标而组织的，而是为了国家的经济繁荣而组织的。职业分工和每个职业在社会隐含的等级中的地位，都不是想当然的事情。它们总是反映着社会的选择，并且取决于我们关于共同目标的共同决议。

1　古希腊的重装步兵。

目的之间的等级

欲望之间的逻辑性并不止这层组织。我们不仅会建立起目的和手段之间的网络，还会确立目的之间的优先级。

比如说，我们可能为了家庭生活的幸福牺牲职场上的成功，可能把对上帝的服从放在其他服从之前；我们可能为了保护环境的决心，愿意放弃恣意消费的快感；我们也可能在其他人毫不让步地享受自由的时候，选择将生命奉献给弱势群体。那么，这些选择意味着什么呢？在第一个例子中，我们认为只要不妨碍家庭生活，职业成功便是可以接受并且值得追求的。在第二个例子中，我们认为只有在世俗法律不违背上帝的法令时，服从世俗法律才是合理的。换句话说，我们其实是承认了，职业成功或服从法律虽然可以作为目的，但前提是它们必须不妨碍更高的目的，也就是说，在更高的目的面前，它们只有服从的份。因此，它们不仅自身是目的，也是其他目的的手段。

我们说，那些因自身而值得欲求的东西比那些因它物而值得欲求的东西更完善；那些从不因它物而值得欲求的东西比那些既因自身又因它物而值得欲求的东西更完善。所以，我们把那些始终因其自身而从不因它物而值得欲求的东西称为最完善的。

——《尼各马可伦理学》第一卷，1097a

为了确定目的的优先顺序，我们会自然而然地区分那些能够作为手段的目的，和那些因为本身是"至善"[1]，永远不能成为其他目的的条件，而其他条件可以为其牺牲的目的。每个人都有属于自己的衡量优先级的标尺，有确定什么应置于首位的方法。

幸福这件头等大事

衡量谁先谁后，是为了什么呢？其最终目的，难道不就是为了确定，什么能够让我们幸福吗？事实上，根据亚里士多德对幸福的定义，幸福就是让生活无所缺乏的状态，并且是仅凭其自身就可以让生活无所缺乏的状态。

我们所说的自足是指一事物自身便使得生活值得欲求

---

1 亚里士多德的"善"的概念源自古希腊语中的形容词ἀγαθός，在这里可以大致对应中文的"好"和英文的"good"。"善"这一名词，τἀγαθόν，是亚里士多德用定冠词τόν(缩写后只保留首字母τ)和这一形容词的中性形式ἀγαθόν组成的，相当于用"the"和"good"组成"the good"。在亚里士多德的具体语境下，每个活动都朝着某种"善"，也就是它的目的，因为目的有很多种，所以善有很多种。"至善"，即终极的善，即为本身而追求，而不是为了他物而追求的目的。——译者注

且无所缺乏，我们认为幸福就是这样的事物。

——《尼各马可伦理学》，第一卷，1097b

在确定自己目的的优先级时，我们一定会问自己："我应该选择什么才能让自己最幸福？我的幸福在哪里？"犹豫要不要为了成功而放弃生儿育女的欲望的职场女性会这样问；犹豫要不要为了增加收入而选择加班的工人会这样问；为了一种不图回报的幸福而想要将自己彻底奉献给他人的大慈善家也会这样问；每当我们犹豫要不要放弃一切，在另一个领域重新开始时，便会这样问。当生命出现重大变故时，当我们有时不得不重塑生命时，这些危机时刻，需要我们重新彻底调整生命中的优先级。

以感情生活为例，爱情的突然变化经常是信念变化的忠实反映。放弃一段感情，往往是理想中的"美好生活"发生变化的结果，而这一理想在之前一直是二人的感情基础。难怪爱情的破裂会带来那么痛苦的伤害。曾经因为相同的生活理想，那么相互理解、相处融洽的两个人，突然变得像陌生人一样，仿佛曾经岁月中建立起的熟悉都烟消云散。两人变得简直无法交流，这是因为他们生活中的优先事项不同了。一方惊愕地发现，曾经的爱人居然可以做出那么匪夷所思、毫无道理的行为，这是因为他们都尚未意识到，两人曾经共有的参照标准消失了。两人对幸福的理解不再一致，因此在一起也无法幸福了。

我们的整个存在，我们的所有欲望，都从属于对幸福的欲求。当然，这不是说我们每个决定都是为了追求幸福所做，这种想法显然不符合实际。傍晚的散步、朋友间的小聚，并不一定会为追求幸福做出多大贡献，作为美好的时刻，它们本身就足够了，不一定需要更多的意义。但是，尽管幸福不是我们唯一的目的，它仍是我们的"至高目的"：一旦我们认为某个决定会明显妨碍幸福，这一决定便变成了有问题的。

生活有这么目的明确吗？

把生活描述得如此目的明确、逻辑严谨，似乎难以令人信服。一般情况下，我们对日常生活的体会很少是这样的。在我们的感受中，生活更多是自然而然地发生的，不需要我们问那么多问题，也不需要特意去追求某种似乎永远难以企及的幸福。

对于上面这种说法，可以通过两种方式进行反驳。

第一种：幸福不过是一个名字，是我们给自己最珍视的、那个如果确定能够获得我们就愿意牺牲所有利益的东西所起的名字。每个人都可以自行定义这个东西，但是，每个人都毫无例外地拥有偏好的、最珍视的东西。有些人可能声称自己不追求幸福，但这反而变相地定义了他们的幸福。不想追求幸福的人的偏好，是坚决不让生活被条条框框所束缚，尽管他们自己不承认这种偏好。也就是说，无论他们如何定义自己的原则，他们都拒绝了幸福的某个定义(一个追求的目标)，并选择了另一个定义 (将没有任何目标作为目标)。对于这种将没有理想作为理想的行为，亚里士多德毫不客气地提出了批评：

> 不与某种目的相关的生活是极其愚蠢的标志。[1]

——《优台谟伦理学》，第一卷，2

第二种：我们确实很少花费时间去问自己，自己心目中理想的幸福生活是什么样的。大多数时候，我们没有注意过自己对这个问题的回答，因为它不需要特意回答。但是，这并不意味着不存在回答。在这一点上，我们做的选

---

1   《亚里士多德全集》(第八卷)，苗力田主编，中国人民大学出版社，2016。

择和决定要比话语更响亮。作为一个整体，我们的选择和决定之间有着意想不到的逻辑性，倘若有人要为我们写传记，作者一定会对这种内部逻辑十分敏感。还有一些更罕见的情境，我们需要面对后果重大的两难选择："我要辞去这份收入体面的工作，像梭罗[1]一样去树林里生活吗？""我要为了自由放弃爱情吗？"，等等。每个决定事实上都表明了我们的偏好是什么，并将这些偏好清楚地呈现在我们面前。这些偏好，它们一直都在那里，隐含在我们日常的行为中，但在危机时刻，它们会向我们暴露自身。

可以以幸福之名牺牲一切吗？

所有人都追求幸福。好！既然幸福是我们所有偏好的源头和目标，那么为了幸福，有什么不能牺牲的呢？但是，以某些幸福的名义，我们可能牺牲过多不应牺牲的东西，反而导致自己的不幸。一旦我们认为(无论是正确的还是错误的)某些令人向往的东西阻碍了我们追求真正的幸福，这种情况就发生了，因为我们可能什么都愿意牺牲：健康、荣誉、富足生

---

[1] 在出版于1854年的《瓦尔登湖》中，美国作家亨利·戴维·梭罗讲述了他在树林的木屋中度过的两年两个月零两天的隐居生活。

活的舒适等。只要我们感觉，放弃了这些东西的自己是幸福的，好像失去它们便也无所谓。荒漠中的苦行僧，因为他是为了他的神而放弃一切的，所以他觉得自己什么都没有放弃。只剩下幸福本身时，幸福也是足够的，它足以为我们的生活提供意义："既然他这样挺幸福的，那就挺好的呀！"

然而，这正是安提戈涅——让·阿努伊[1]笔下的又黑又瘦的女主人公的悲剧所在。在与她的舅父——底比斯国王克瑞翁的激烈争辩中，安提戈涅为一种容不得让步、近乎绝对的幸福做辩护。安提戈涅执着于她的理想，无法接受舅父建议的更为平凡的幸福，她蔑视那种由平庸的欲望钩织成的、打了折扣的幸福。

你们的幸福让我恶心，你们不惜任何代价、无比热爱的生活让我恶心！简直像狗舔着它们所找到的一切东西。还有那每日的小小的运气——如果人们不太苛求的话。我，我要一切，立刻就要——完整的一切——否则我就拒

[1] 让·阿努伊（1910—1987），法国剧作家，代表作《安提戈涅》，改写自古希腊剧作家索福克勒斯同名悲剧，1944年在巴黎首次上演。在该剧中，安提戈涅的舅父克瑞翁获胜登基，下令禁止埋葬战败的外甥，也就是安提戈涅的兄长，但安提戈涅执意要让兄长入土为安，最终酿成苦果。剧中高潮是二人的辩论，克瑞翁劝诫安提戈涅接受现实，享受简单生活的乐趣，但安提戈涅坚持她理想的价值观，蔑视克瑞翁的妥协态度。——译者注

绝！我不愿意谦虚，我不愿意满足于如果我老老实实就可以得到的小小的一块。我要今天就有把握得到一切，它得和我小的时候一样美——否则就死去。[1]

但是，将至善理想化，很可能会让我们放弃一些完全正常的追求。由于苛求，由于狂热地追求完美的理想，我们放弃了许多真正的美好，把它们看作不值得入眼的平庸的理想摹仿品。是啊！坚信我们必须追求更完美、更崇高、更辉煌的事物，怀抱过度的热忱，就会让我们与身边的机会擦身而过，让自己陷入不幸之中。

在我们当中，有多少人以尚未体味到理想中的爱情为由，拒绝身边人的爱慕？又有多少人为了心中的美好明天，牺牲了太多当下的幸福？追求理想化的事物，会让我们失去对世界的兴趣，会让那些平凡却美好的事物变得黯淡无光。

追求认可的陷阱

反之亦然。有时，为了追求幸福，倘若我们没有被执

---

1 让·阿努伊著《安提戈涅》，郭宏安译，人民文学出版社，2019。——译者注

着的追求冲昏头脑，那些想都不敢想的东西，在我们眼中竟然也变成了可以接受的。自行车手为了取得胜利，同意服用兴奋剂，这是因为他将夺冠看作自己毕生的追求；年轻人为了减肥，不惜以身体健康为代价，这是因为在他们眼中，美是高于一切的目标。这些追求本身都无可非议，问题就在于它们被摆在了"至善"的位置，放在了其他"善"之前。

一旦成为最高准则，哪怕最值得追求的"善"，都有可能成为蒙蔽我们双眼的"恶"，甚至让我们无视那些值得追求的东西。对他人认可的追求便是一个例子。有必要澄清，亚里士多德并不反对这种追求：雄心壮志往往会激励自己做到最好，并且超越自己。大度的人，并不是不为荣誉所动的人。

大度的人就是对于荣誉和耻辱抱着正确的态度的人。毋庸证明，大度的人所关切的是荣誉。因为伟人们据以判断自己和所配得的东西的主要就是荣誉。

——《尼各马可伦理学》，第四卷，1123b

但是，如果不惜丧失自我，不顾一切地追名逐利，放弃尊严与美德，比如说为了能登上杂志封面什么都做得出来，那便是过了度。突然被加冕为"至善"，荣誉便成了流于表面的幸福。为了上位而使尽心机的电影明星，像巴尔扎克《幻灭》中的吕西安[1]一样，为了出人头地而道德沦丧的年轻作家，或者是为了攀登职场阶梯而牺牲家庭生活的上班族，都是将荣誉放在最高准则的反面教材。

与亚里士多德一起反思

1. 想象一下，你和你的伴侣在睡前大吵了一架，早上起床后，你会有什么感受？除了心情很差，会不会觉得看什么都不顺眼？——孩子怎么这么吵，家里怎么这么脏，为什么下了班还得去买菜，连小狗当当都不可爱了……相信我，这些感受都十分正常。吵架后的夜里，你的怒火蔓延到生活中一切直接或间接与你们二人有关的东西上。因为作为地基的目的——你们的感情，动摇了，与之相关的手段构成的

---

[1] 《幻灭》，巴尔扎克的长篇小说，讲述了主人公吕西安为了追求文学梦想，闯入纸醉金迷的巴黎上流世界，一步步迷失自我的故事。——译者注

大厦也变得摇摇欲坠，以至于一点点响动都变得不堪其扰。

2. 你是否同意，每个人都有权定义自己的幸福，有权制定自己生命中事物的优先顺序？如果你是这么认为的，那再好不过了，这样你就不会把自己的喜好强加于人。但是，你大概不会认为，什么样的人生都值得选择。你的"自由主义"是出于好意，但肯定不会纵容你到这种程度。要不然，你敢承认自己从来没有说过任何人的坏话吗？评价他人，难道就不是因为你觉得他们为了追求他们所谓的幸福脱离了正轨，步入了歧途吗？而旁观他人不幸的你，是不是也会暗自庆幸，自己在生活中做出了正确的选择呢？

3. 有没有一些人，让你一看就觉得反感，但你又说不上来人家哪里做错了？想一想，这是为什么呢？是不是很奇怪？还有些人却让你一见如故，是不是也很奇妙？其实原因很简单。有些人的生活选择和你的选择十分不同。只要这些不同没有严重到与你对立的地步，便没什么大不了的。但那些让我们第一眼就心生厌恶的人，他们生活中的优先级和我们的可不是只有些许不同，而是截然相反。

快乐会上瘾

我们自己定义的幸福支配着我们的生活。不同人对幸福的定义可能全然不同，同一个人在不同阶段对幸福的定义也不尽相同。生病的时候和健康的时候，我们心中的幸福很可能不一样。但是，所有的幸福都有相同的原型。

襁褓中养成的习惯

快乐从小就伴随着我们。所以我们很难摆脱掉对快乐的感觉，因为它已经深深地植根于我们的生命之中。

——《尼各马可伦理学》，第二卷，1105a

在婴儿的情感生活中，快乐占有支配地位。婴儿对这种感受的熟悉是与生俱来的，因为快乐在生存中扮演着调节的角色：快乐有着"驱逐痛苦"的功能[1]，也就是说，每当我们的机体从某个紧张状态重归于平衡，或者某种匮乏得到满足时，我们便会感受到快乐。我们不难发现：越是饥

1　《尼各马可伦理学》，第七卷，1154a。

饿，吃起东西来就越是快乐；越是困乏，睡上一觉就越是美妙；生病之后，更容易体会到健康的快乐。快乐的调节作用，让它在生活中有着举足轻重的地位。然而，教育不是去遏制享乐的天性，而是鼓励它。

因为，它（快乐）似乎与我们的本性最为相合。所以，我们把快乐与痛苦当作教育青年人的手段。

——《尼各马可伦理学》，第十卷，1172a

惩罚和奖励调节着快乐和痛苦。当小孩子因为偷了糖果感到兴奋时，我们便用惩罚让他感到痛苦；反过来，当他不愿意收拾房间时，我们便用表扬让他感到高兴。这样，教育者调整了快乐和痛苦的分配，但没有影响快乐和痛苦在孩子生命中的根本作用，反而强化了他追求快乐的自然倾向。教育者改变的，只是让我们感到快乐的具体事物，也就是只调整了细节，没有触及本质。

这种教育的影响会一直延续到我们长大成人之后，让我们无意间保留了儿时的习惯。

一个人无论是在年纪上年轻还是在道德上稚嫩……

他们的缺点不在于少经历了岁月，而在于他们的生活与欲求受感情宰制。

——《尼各马可伦理学》，第一卷，1095a

当享乐成为任务

但是，亚里士多德并不认为我们无法"自制"，不认为我们被强烈的欲望控制，无法抗拒及时行乐的诱惑。一般来说，我们完全可以"考虑到将来"[1]，延迟暂时的满足——这便是自制的定义。

但问题就在于，这个让我们做到自制的未来，这个让我们放弃及时行乐的幸福，它本身也是一种快乐。虽然人与人之间的观点会有很大程度上的不同，但是说幸福是持久的快乐，应该没有人会有异议。无论我们眼中的"至善"是什么，我们对它的期待是一样的：希望它为我们带来快乐。这是野心家对荣耀的期待，也是吝啬者对财富的期待。

这种期待是如此自然，我们会觉得它再正常不过了。但是，只要稍加思考，便可以看到事实并非如此。将快乐

---

[1] 《论灵魂》，第三卷，10。

视为幸福，是很多本可避免的痛苦背后隐藏的深层原因。快乐本身不是一件坏事，但是一旦被提升到"至善"的地位，成为一种绝对的存在，快乐便会变质，成为人们执着的追求对象。但这种追求的结局往往是让自己精疲力竭，伴随着痛苦的打击。追求快乐本身无可厚非，但一旦我们让快乐肩负起实现幸福的重任，不幸就开始了。

这种情况恰恰是对当下社会的忠实反映：追求快乐不是单纯的自然倾向，而是长期的决心。社会要求我们积极参与对快乐的追求。它通过杂志文章等手段，向我们下达指令：你应将快乐作为使命。于是，享乐的权利变成了一项任务，若不想被评头论足，就必须服从。

不自制 VS 放纵

在亚里士多德看来，是否过于强调快乐乃至将其作为生活的理想，是不自制和放纵的区别所在。

尽管它们都与同样的事物（快乐）相关，它们却不是以同样的方式同这些事物相关。放纵者是出于选择，不能自制者则不是。所以我们应当说，那些没有或只有微弱的欲望便过度追求快乐和躲避痛苦的人，比具有强烈欲望而这样做的人更是放纵。

　　不自制指的是由于无法抵制强烈的欲望，无法坚持自己下定决心做的事。明确自己想要什么是一回事，真正去做则是另一回事，而且要困难得多。我们下定决心不说不该说的话，却让不自制打破了我们的沉默；我们都知道戒烟好处很多，但就是无法不让自己点燃下一根烟；我们想要严格遵守减肥食谱，但看到面包店橱窗后的蛋糕后，却管不住嘴。仿佛立下决心的目的就是打破它们。尽管这一现象让人沮丧，但是我们已经司空见惯。这反映了欲望的力量是多么强大。

　　放纵则指的是将快乐作为一种"善"去追求。饱餐一顿之后，充饥的欲望消失，但当别人递过来甜点时，放纵者会选择欣然接受，并为自己的行为正名："吃甜点是为了心情好！"所以，放纵者和不自制者不同。不自制者无法抵抗快乐的诱惑，放纵者则是理智地追求快乐，他认为快乐是一种"善"，多多益善，因此快乐再多也不为过。

　　一个人如果追求过度的快乐或追求快乐到过度的程

度，并且是出于选择和因事物自身，而不是从后果考虑而这样做，便是放纵。

——《尼各马可伦理学》，第七卷，1150b

放纵三宗罪之一：越发难求的快乐

放纵的第一个危害，是不可避免地带领我们走向过度。这个现象解释了我们的许多行为。

因为，虽然那些被说成是"爱某某事物的人"可能或者是由于爱了不适当的对象，或者是爱到了多数人莫及的程度，或者是以不适当的方式来爱了，才被这样称呼的，放纵的人却在这三方面都是错误的。他们爱着不适当的（实际上有害的）对象，即使他们所爱是适当的对象，他们也是以不适当的方式来爱，并且爱到超过多数人的程度。

——《尼各马可伦理学》，第三卷，1118a

过度之所以不可避免，是因为快乐本身并不稳固："没有人能持续不断地感到快乐[1]。"事实上，随着时间的流逝，

1　《尼各马可伦理学》，第十卷，1175a。

同样的事物为我们提供的快乐会不断减弱，于是我们不得不从他处找寻这种宝贵的感受。比如说，踏上重要征程的最初感动和激情消逝后，朝觐者必须面对穿越荒漠的艰巨考验。欲望衰退的现象十分常见。下面这种时刻在信教者的人生中就经常出现：无法感受到年轻时的激情，突然想要背弃信仰。这是上帝要考验他的忠诚，特意设计的难题吗？还是说，由惊异和震撼构成的宗教情感，从根本上就难以长期维系信仰？在美国有着一定规模的福音派教会维系教徒信仰的唯一方法，就是不断向他们表演越来越离奇的"奇迹"，来尽可能延长宗教情感的效力。但是，因为这种情感不可避免地会随时间变弱，必须不断增加刺激才能让它维持不变，于是，强烈的刺激便弥补了感觉的疲惫。

当性生活失去新鲜感时，情侣为了延续性爱带来的快感，也会采取同样的策略。他们也会在追逐快感的旋涡中越陷越深，但不是为了增加快感，而是为了维持同样的快感。为了维持快感，他们采取越来越难以启齿但能引起强烈情感的新花样。由此可见，追求快乐，注定会让我们在追求越来越刺激的乐趣上越陷越深。只需要打开媒体软件，看到里面越来越多暴露隐私、展示暴力和越来越刺激眼球的图像，便不难理解，这种为了让麻木的大众继续买单的策略，也是出于同一原因。

放纵三宗罪之二：见异思迁

面对快乐的消退，我们还经常采取另一种对策。既然我们爱慕的东西已经发挥了它的全部价值，当它不再让我们感到快乐的时候，我们会觉得没有必要再对它死心塌地，让它束缚自己。一旦快乐本身成为目的，它便失去了任何具体载体，允许我们心意不专，三心二意。这便是放纵的第二个危害。

这种倾向对于亲密关系危害很大，它会导致我们无法正确爱他人。时间由于会削弱快乐，无法滋养爱情，反而会成为爱情的敌人。我们爱的，是让我们感到快乐的人、事、物，人、事、物越是新鲜，给我们带来的快乐就越大。因此，这样的爱情或友情可能难以持久。

而爱主要是受感情驱使、以快乐为基础的。所以他们常常一日之间就相爱，一日之间就分手。

——《尼各马可伦理学》，第八卷，1156b

更有甚者，这种受快乐的冲动支配的情感是靠幻想维持的，而学会爱一个人真正的样子则需要时间。所谓"路遥知马力，日久见人心"，坚固的情谊是在长期交往中生根发芽的。当我们爱一个人真正的样子时，我们不会因为看穿他的表象而突然失望，更不容易感到厌倦。但是，习惯、熟悉感、每天看到同样的面孔，都会让快乐逐渐耗尽。快乐因为匮乏而珍贵，而天天看到的人并不稀奇，于是爱他/她的感觉也会减少。

当肉体愉悦成为最高追求

由于快乐无法长久，所以它无法成为真正的"至善"，充其量是个拙劣的冒充者。但这并不是快乐最大的缺陷，也不是放纵最恶劣的后果。快乐最大的缺陷，不在于它的不稳定，而在于它的结构。

节制与放纵是同人与动物都具有的、所以显得很奴性和兽性的快乐相关的。这些快乐就是触觉与味觉。

——《尼各马可伦理学》，第三卷，1118a

在我们所有的感觉中，触觉（在亚里士多德的定义中包括味觉）大概是对于生存最为重要的感觉。失去触觉的后果可能是致命的，因为它是我们最贴身的护甲：远处的威胁永远没有就要伤及人身的危险紧急。一旦威胁触及我们身体，伤害便造成了，这时再防御已经来不及，我们的任务也变成了疗愈伤害。

因此，触觉的快乐源于它保护生命的功能。因为总是要立即应对危机，所以这种快乐总是夹杂着痛苦。相比较而言，视觉乃至听觉带来的快乐都没有这种矛盾性，因为它们没有治愈的作用，不是驱散痛苦的药方。和饮食或做爱的快乐不同，欣赏田野风景或聆听小夜曲的乐趣不是为了填补任何匮乏。

学习数学的快乐，以及那些同气味、声音、景象、记忆、期望相关的感觉的快乐，就不痛苦。这些快乐算是从哪里生成的呢？因为，这里不存在需要补足的匮乏。

——《尼各马可伦理学》，第十卷，1173b

然而，不幸的是，我们理想中的幸福，不是以视觉或听觉上的享乐为原型，而是以触觉这种最低俗、最常见，也最强烈的感觉为蓝图。

但是肉体快乐据有了快乐的总名。因为，它是我们接触得最多且人人都能够享受的快乐。所以，人们就认为只存在着这样的快乐，因为他们只知道这些快乐。

——《尼各马可伦理学》，第七卷，1153b 34-1154a 1）

放纵三宗罪之三：幸福将与痛苦形影不离

那么，假如我们无法想象，有什么幸福不是伴随着痛苦的，这便也不足为奇了。根据我们的期待，给我们带来幸福的东西，同时会让我们感受到揪心的缺失，就像饱餐一顿的快乐总与饥饿的痛苦相关联一样。这便是放纵的第三个危害。我们理想中的幸福，注定让我们无法摆脱痛苦，因为它所取决的东西，只有在缺失的时候价值才凸显。

于是，追求这种幸福的过程总是与痛苦形影不离。将声望视为追求的人，无论在什么场合，只要稍微感觉受到了不敬，便会感到被冒犯的痛苦；对感情过于投入，把自身价值寄托于爱人身上的人，无法忍受给对方自由的痛苦。这样的例子数不胜数。当我们设想自己心中的幸福的时候，我们往往会想到这种以触觉（比如渴、饥饿、失望）的快乐为特征，也就是以缺乏为特征的情景。于是，我们建构的幸福便有着痛苦的面孔，尽管自己对此并无察觉。

因此，我们向往的一切之所以能成为快乐的源泉，是因为它们同时也是让我们心急如焚的缺乏。这是个公开的秘密：每个人直觉般地知道，倘若这种缺乏被彻底消除，后果将不堪设想，于是我们像癫狂的狂犬病患者一样，有意地维持着这种空缺。

有的人（放纵者）不能享受其他的快乐，只能享受强烈的快乐（例如特意使自己饥渴）。

——《尼各马可伦理学》，第七卷，1154b

获得自己渴望的东西，也是我们害怕发生的事。一个目的一旦达成，我们还能从它身上汲取什么乐趣呢？我们是如此地爱抓不住、得不到的东西，因为匮乏会增加拥有的快乐。一旦拥有渴求之物，它一旦成为无法逃脱的掌中之物，我们的热爱也随之消失殆尽。梦想一旦实现，它给我们的幸福也会一扫而光。我们会去寻找新的生存意义，追求新的事业。生活由一系列破灭的梦想串起。白马王子一旦娶了倾倒众生的灰姑娘，把她变为贤内助，便可以冷落她，追求其他抱负了；运动员夺得桂冠之后，马上被巨大的空虚侵袭；第一次引起轰动之后，小有人气的公众人物马上忘记成名的快乐，去追求更远大的目标。这种无休止的追求，注定是一场场徒劳：我们欲求盈，却总在追求缺。

卫生政策之所以对于戒烟显得捉襟见肘，是因为这种吸烟的恶习有更深层次的缘由。香烟，其背后是一种支配着吸烟者的生存痛苦，是让他们不断陷入缺乏状态的主动选择，这种缺乏让人难以招架，但只要一口烟就可以缓解，所以每支烟都可以毫无例外地保证快乐。这也是为什么亚里士多德写道，放纵注定让我们走向"不正当之事"。由此可见，放纵反而带领我们去寻找痛苦。如果想要远离痛苦之源，就必须摒弃这种行为。

明智的人所追求的就是避免由于缺少这类快乐而产生的痛苦。这些快乐也就是含有欲望与痛苦的肉体快乐（因为，肉体快乐才具有欲望与痛苦），或表现着放纵的肉体快乐的极端形式。所以节制的人避免这样的快乐。因为，节制的人也有自己的快乐。

——《尼各马可伦理学》，第七卷，1153a

与亚里士多德一起反思

1. 你有没有体会过看恐怖片的乐趣？喜欢让自己胆战心惊，多么匪夷所思的嗜好呀。当然，恐惧可不是什么让人愉悦的东西。但是，在没有实际危险的时候，它惊心动魄的能力却让人十分神往，这是因为它带来的感受十分强烈，简直可以和兴奋剂媲美。它让我们毛骨悚然，而我们寻找的就是这种强烈的感受。恐惧本身是负面的情绪，却能带来正面感受，想一想，这样的例子还有什么？

2. 为什么爱情的开始阶段总是最轰轰烈烈的？为什么你对新的友谊总是充满热忱？这是了解一个人带来的快乐，还是尚未真正了解一个人带来的快乐呢？保留神秘感，不要过度投入，给对方爱他人的自由，可以延长快乐。展现真实的自己，反而可能失去一切。无论现实多美好，都会打破幻想的浪漫。难道说，感情的艺术，其实是维系误会与假象的艺术？

3. 下面的问题，请如实作答：没有戏剧性的生活，你愿意过吗？我们是多么喜欢闹剧和风波啊！毫无波澜的航行，是无聊到极致的漫漫长途。找点事儿，闹点矛盾就可以打破无趣，之后的和好又是多么的甜蜜……为了不断体验重归于好的乐趣，我们可没少无事生非……

4. 你是"派对动物"吗？你喜欢热闹场合吗？如果是，那么参加聚会，在觥筹交错之间和他人谈笑风生，扭动腰身舞起来，在轻快欢乐的气氛中忘记一切，一定让你很向往吧。节日庆典、派对宴会、酒吧狂欢，都是我们敬奉"快乐之神"的世俗仪式。和所有仪式一样，它们也有自己的规矩：不能愁眉苦脸，避免过于严肃的话题，要放得开或者至少假装放得开，等等。快乐是个严苛的神，对负能量毫不留情。看来，为了保证派对的成功，也要付出不少努力呢。你会不会有时也对这种人人为了保持嘴角上扬，微笑到脸僵的场合感到厌倦呢？

第二章

理解的关键

学　　　习　　　卓　　　越

亚里士多德没有教导我们舍弃快乐，也没有建议我们选择朴素的生活。他并不提倡认为快乐有罪的苦行僧式的艰苦生活，而这种生活方式随着东方哲学和精神的流行风靡全球。放弃对快乐的狂热追求，学习超脱欲望的佛系生活，培养清心寡欲乃至心如止水的心境，诸如此类的"修行秘籍"，在许多人眼中，是通往圣贤的不二法门。既然让我们丧心病狂的是快乐固有的诱惑性，那么药方似乎很简单：粗茶淡饭、布衣蔬食，剩余欲望统统舍去。就连教授享乐艺术的伊壁鸠鲁哲学也逃不过这一路数，在快乐面前也畏首畏尾，举棋不定。伊壁鸠鲁学派提倡追求简单、容易满足的快乐，也就是刚刚说的粗茶淡饭、布衣蔬食……

让亚里士多德哲学独具魅力的是它完全站在这类苦口药方的对立面上。小心翼翼地限制自己的生活，不敢越雷池半步，不允许自己真正去生活，乃至舍弃真正的生活，这不是让人痊愈的良方，充其量只是未雨绸缪的措施。就好比身体羸弱的人，风一大就不愿出门，虽然谨小慎微，但无法改变自己的身体条件，而只能臣服于它。我们之所以臣服于享乐的病，就因为我们无法完全逃脱它的掌心，仿佛它永远在边界的阴影里窥伺着。于是，我们采取的每个措施反而都在提醒我们：我们病了，患上了享乐的病。

追求快乐确实会让我们不幸福，但快乐本身并没有罪，罪恶的是把它置于"至善"地位的行为。当我们不再把快乐视为生活理想时，反而可以走上通往真正幸福的征途，而这条道路不再充斥着痛苦。而这，便是节制者的快乐。

追求德性

如果我们为了享乐而活，那是因为我们无法享受生活。放纵其实是一种补偿性行为，它暴露了我们对自己的不满。那么，这种不满来自哪里呢？它来自支配每一个人的深层欲望：实现卓越，成为最好的自己。

无法乐于生活，于是贪欢逐乐

我们在上一章看到，我们制订的计划和看待生活的方式，都是在试图填补永远无法填满的缺乏。这种缺乏的具体体现，正是认为自己缺了点儿什么的感觉。看到自己目前的样子，我们会觉得自己还不够完美，还有潜力没有发挥，还有成就没有实现。

饮酒自愉和好饮是有区别的，因为一个人完全可以既不渴也没有喝而感到快乐；也可以在饮酒时快乐，但不是由于喝酒，而是因为他坐在那里恰巧看到了什么东西或者是被看到了。因此，我们可以说这个人自得其乐，或者饮以自愉，既非由于他在喝，也非因他乐于喝。……同样，我们将称这为快乐的生活，它们出现时使人感到快乐，但并不是所有享受生活的人都称得上生活快乐，而只有把生活自身当成快乐，而享受来自生活的快乐的人，才称得上是生活快乐。

——《劝勉篇》[1]，11

这段话细致分析了放纵和对自己不满之间的关系。从很多方面看，我们很像是因为无法"乐于喝"——无法乐于喝酒本身，于是"饮以自愉"的人。也就是说，喝酒本身不是快乐的直接来源，而是作为陪伴物，出于偶然。让我们欢愉的是酒杯之外的事。当我们约上三五好友去酒吧露台喝一杯时，感受到的快乐就属于这种。我们不在意喝的是不是好酒，享受的也不是酒的品质，而是露台的氛围以及

---

[1] 《亚里士多德全集》（第十卷），苗力田主编，中国人民大学出版社，2016。除另有说明，后面的引文均采用这个译本。

和我们所珍视的人一起度过的快乐时光。

在日常生活中，我们的行为和露台酒客别无二致。由于我们无法"乐于生活"，于是"自得其乐"，拼命在生活之外寻找快乐的来源，将幸福的希望寄托于外物，就连自称享受生活的人有时也难逃这一悖论。拼尽全力地生活，难道不是为了增加可以获得快乐的场景吗？美食王、剁手族、"派对动物"和鉴酒行家不断地追求下一场刺激，仿佛是在寻求慰藉。如果我们为了快乐而生活，那是因为我们的生活本身缺少快乐，长期经受不满的折磨，让我们无法将生活视为享受。而这是因为，我们尚不知晓如何享受生活本身的快乐。

碌碌无为后的深深失落

如果我们能够热爱生活，事情就会好很多。那么，阻碍我们的是什么？这种挥之不去的不满来自哪里？是什么让我们难以从自己身上获取快乐，要去他处寻觅？如果说一个小孩子难以欣赏自己，极为依赖他人的表扬（"妈妈，看我！"），那是因为他在很大程度上还是一个"未完成的工程"。他觉得自己没什么成就，这是理所当然的，因为生活还没有给他取得任何成就的机会。成年的我们感到失落，原因和孩子是一样的。我们自暴自弃，是因为我们在自己身上看不到自认为注定成为的人的影子。这种根深蒂固的失落感正是不满的根源。如果生活不是我们觉得它应该成为的样子，这种生活便难以让人快乐。我们身上的某种东西要求我们通过行动让它变成现实。我们会感觉到，我们在行动中变成的样子不符合我们是有能力的样子。[1]

我们所有对幸福的图像无一例外，都是对欲望天性的完全实现的不完美转译。当一朵花不受阻碍地开放，成为自己时，当我们身上的种子找到可以真正生根发芽的土壤时，自我实现便发生了。感觉自己"忠于自我""是真实的自己""实现了自己的价值"或感觉自己"完整了"，都是在表达我们对于幸福的理解。

因此，我们对幸福的多种理解，其实也没有那么不同。它们的不同之处在于，让每个人幸福的东西是不一样的。一旦回到幸福的定义本身，便毫无争议可言：幸福，即不受阻碍的自我实现。

如果每种品质都有其未受阻碍的实现活动，如果幸福

1　《尼各马可伦理学》，第七卷，1153a。

就在于所有品质的，或其中一种品质的未受到阻碍的实现活动，这种实现活动就是最值得欲求的东西。而快乐就是这样的未受到阻碍的实现活动。……正因为这一点，人人都认为幸福是快乐的。也就是说，人们都把快乐加到幸福上。这样看是有道理的。因为，既然没有一种受到阻碍的实现活动是完善的，而幸福又在本质上是完善的。

——《尼各马可伦理学》，第七卷，1153b

追求名为德性的卓越

追求自我实现，不外乎追求卓越。事实上，最完美的行动，是能让我们的潜力得以发挥的行动。刀的作用是切割，而一把刀切割的性能越好，它就越完美地实现了当初被设计的意图，越符合它的"本性"。同样，大自然赋予我们行动和思考的能力，但只有在我们行动富有效率、思想无懈可击时，这种潜力才算是得到了最好的发挥。因此，我们想要的卓越，应当是象征成就的那种卓越。"想要做自己"的意思，不是简单的自我满足，不是满足于让我们痛苦的平庸。只有当我们有机会全力以赴时，我们才能成为真正的自己。

这种让能力得到发挥的卓越，亚里士多德称之为德性：刀子的德性是切割得好；齐特拉琴手的德性是琴弹得好；人的德性，则在于好的行动和好的思想。

可以这样说，每种德性都既使得它是其德性的那事物的状态好，又使得那事物的活动完成得好。比如，眼睛的德性既使得眼睛状态好，又使得它们的活动完成得好（因为有一副好眼睛的意思就是看东西清楚）。同样，马的德性既使得一匹马状态好，又使得它跑得快，令骑手坐得稳，并迎面冲向敌人。如果所有事物的德性都是这样，那么人的德性就是既使得一个人好又使得他出色地完成他的活动的品质。

——《尼各马可伦理学》，第三卷，1106a

当然，勇气、节制、坦诚、大方这些我们熟悉的品性，也都是德性。它们都是体现卓越的方式。如果说勇气是一种德性，那是因为艰难险阻鞭策我们竭尽全力克服危险；如果说节制是一种德性，那是因为欲望总在引诱我们背弃决心，我们必须格外努力才能不被诱惑；如果说坦诚是一种德性，那是因为我们必须始终拥有被讨厌的勇气……也就是说，困境的出现让德性得以体现。这也是为什么德性经常会引领一个人主动寻找挑战：没有什么比待降伏的妖孽更能激起修仙者的斗志了。因此，追求卓越的意愿，是行动的意愿。

而技艺与德性却总是同比较难的事务联系在一起的。因为事情越难，其成功就越好。

——《尼各马可伦理学》，第二卷，1105a

因人、因事、因时而异的德性

亚里士多德没有说，弹好齐特拉琴或者当勇士的方式只有一种。一个人的德性不一定适用于另一个人。同一个人在某个阶段的德性，到了下一个阶段也不一定适用。德性的行为根据情况而不同。关于德性是什么，不能一概而论、以偏概全，忽略个体差异。我们之所以经常需要考虑，是因为现实情况往往变数大、确定性小，而为了统一的定义牺牲多元性的做法，则是不可取的。

所谓慷慨是相对于一个人的财物而言的。因为慷慨并不在于给予的数量，而在于给予者的品质，而这种品质又是相对于给予者的财物而言的。所以，给予的数量少的人也可能是一个较为慷慨的人，如果他只有很少的东西来给予的话。

——《尼各马可伦理学》，第四卷，1120b

人与人有别，情景与情景也有别。即便是接受了严格训练的艺术家，找到自己的风格也需要时日。他去尝试，去超越，不断地重新开始，日复一日。在不断的重复下，他的动作变得更柔和，他的笔尖变得更流畅，他的控制更趋于完美……最后，他会找到属于自己的绘画、运动、舞蹈或写作的方式，这是他自己的风格，也就是他的德性。这说明，德性绝对不是一成不变的东西。

与亚里士多德一起反思

1. 心情不佳的时候，你的第一冲动是什么？有些人会狂吃巧克力，有些人会剁手网购，有些人会疯狂打扫房间……这是不是证明了，对快乐的追求可以起到抗抑郁的作用？让痛苦淹没在快乐中，好像是摆脱痛苦的最佳方式。

2. 你是不是也觉得，幸福的人怎么那么让人讨厌。在你看来，这是为什么呢？好像他们一切都顺风顺水，幸运得让人眼红。但事实上，运气起的作用很小。他们之所以春风得意，是因为他们在生活中取得了成功，而他们之所以能够成功，正是因为他们知道如何自我实现。但另一些人，郁郁寡欢，不想再痛苦下去，却总是一事无成。

这十分正常。他们之所以郁郁寡欢，是因为他们一事无成，而他们一事无成，是因为他们尚未找到自我实现的途径。机会是给有准备的人的。

3. 你的衣橱中，有没有一套你最爱的衣服，只有在最隆重的场合才会穿？在你的脑海中，穿上这套衣服的你，是如何定义自己的形象的？每个人都有自己穿着打扮、整理发型乃至走路的方式。也许这看上去很肤浅，其实并不然。每天早上，当你问自己今天该穿什么的时候，你也在间接地思考，自己最重视的价值是什么。你在两件外套或者两条裙子间犹豫不决，正是因为你在思考，如何更好地公开表达你的卓越。有些衣服对你的体型不友好，有些发型不适合你，等等。

关注这些日常的细节，其实也是自我观照和自我尊重的方式。

与亚里士多德一起行动

问问你的亲朋好友，他们最欣赏你身上的哪些点？当然，这可不是为了满足你的虚荣心，而是要通过他人的双眼发掘自己身上值得加以利用的能力。他们的回答可能会让你吃惊，因为别人的看法可能和你的很不一样。如果许多人表达了一致的观点，这些观点便值得你认真考虑。有时，我们对自己的印象可能并不准确，因为我们想在某个领域成功的欲望，可能反而让我们无视自己真正的天赋。

自私的德性

我们可以看到，对德性的追求，满足的是一种自私的自我观照。也就是说，我们是为了自己追求卓越，而不是为了他人。但是，这并不意味着德性就没有道德意义 (这一点对于善恶都一样)。

利他主义的陷阱

有道德的行为首先应当是利他的行为，这是我们都熟知的观点。所以我们很难想象，自私怎么能在道德中占有一席之地。难道不应该先利他，后利己吗？

我们在贬义上用自爱者这个词来称呼那些最钟爱自己

的人。而且，坏人似乎做任何事情都只考虑自己，并且越这样他就越坏（所以有这样的抱怨，说这样的人从来不会想到为别人做些什么）。而公道的人做事则是为着高尚（高贵）的事物，并且越这样做他就越好，就越关心朋友而忘记他自己。但是，事实与上面的说法并不一致。

——《尼各马可伦理学》，第九卷，1168a 30-1168b 3

事实并不一定如此：先考虑他人，不仅说明我们在乎他人，也说明我们对自己不够重视。在先人后己的背后，某种情结在作祟，它既是自卑情结，也是优越情结。

之所以说它是自卑情结，是因为先人后己是让自己"卑"于别人。有些人"太善良了"，他们让别人凌驾于自己之上，半张脸挨了巴掌反而要伸出另半张脸，别人指责半句就觉得自己错了，还为自己没做的事赔礼认罪。这里说的善良可不是夸人的话，因为它说明一个人不仅非常不在乎自己，还成了欺凌自己的人的帮凶。这种善良还有另外一个名字，叫作谦卑。

谦卑的人剥夺了自己所配得的重要性。而且，他似乎是对他自己不好。因为，由于不认为自己配得那种重要性

(而且似乎不认识自己)，他没有去追求那些否则他就会去追求的善事物。我们并不认为这样的人愚蠢，而是认为他们过于谦让。

——《尼各马可伦理学》，第四卷，1125b

　　这种自卑情结的背后，是对于自己价值的错误评估。轻视自己，便容易过度重视他人。但是，我们先人后己，目的却不是单纯的自我牺牲，而是希望唤醒对方的仁慈，获得对方的爱——比我们的自爱多一点的爱。善良从来不是不图回报的。善良的人自以为仁慈，实际上却在要求对方："看我对你这么好，你必须爱我。"我们把尊重自己的艰巨任务推给他人，希望他人用爱来提升我们过低的自尊心。

　　这便是为什么善良的人其实是伪装的自大者，而自大的人则是假装善良。如果别人没有表现出感激，或者听到稍有点生硬的回答，或者得到冷漠的回应，善良的人会觉得受到了莫大的侮辱。他们希望被爱，尤其在乎自己在他人心中的分量。这便是为什么优越感——认为自己比自己实际上更重要——是自卑感的孪生兄弟。我们如此重视的利他主义，看似穿着爱的外衣，却包裹着恨的所有弊端：执着于面子、敏感且暴躁、拥有不惜一切地得到尊重的欲望……

健康的人际关系需要自私

因为足够爱自己，所以不会轻易迁就他人的人，和他人的关系通常也更健康。因为他不需要用和他人的关系来调整和自己的关系。所以，自爱的人受到不公正对待时，更能用宽容的心态去面对。亚里士多德称这种能力为大度，并恰如其分地将它描述为"德性之冠"[1]，这个桂冠可以彰显出佩戴它的人的卓越。在献给大度者的篇章中，亚里士多德描绘了大度者的心理画像：因为他不需要通过他人来感受自己的价值，所以他可以做到不在意他人的眼光，行为也就更加道德。

他不会去讨好另一个人，除非那是一个朋友（因为这样做是奴性的，所以说所有的奉承者都是奴性的，而所有低贱的人都是奉承者）。他也不会崇拜什么。因为对于他没有什么事物是了不起的。他也不会记恨什么。因为大度的人不会记着那么多过去的事情，尤其是别人对他所做的不公正的事情，而宁愿忘了它们。他也不会议论别人什么，既不谈论自己也不谈论别人。因为他既不想听人赞美，也不希望有人受谴责（他也不爱去赞美别人）。

1　《尼各马可伦理学》，第四卷，1123a。

所以，他不讲别人的坏话，甚至对其敌人，除非是出于明
白的目的而羞辱他们。

——《尼各马可伦理学》，第四卷，1125a

最能保护他人免受我们的仇恨或怒火伤害的，是我们
对外界的不在意或者超脱。因此，亚里士多德的德性伦理
和教授我们"爱人如己"的宗教道德迥然不同。德性伦理
要我们先爱自己，我们不需要在得到他人的评价之后，才
允许自己不那么努力地证明自己。成为一个对他人有价值
的人的最好方式，是精心维护我们和自己的亲密关系，不
让这段关系受他人的影响。

友谊是一种有选择性的情感

但是，这并不意味着不让任何人走进自己的世界。大度
者的生活中是有爱情和友谊的一席之地的。没有真挚的感
情或炽热的激情，生活怎能完整？又有谁会主动选择这样
的孤独生活？亚里士多德说，哪怕拥有世间的一切财富，如
果缺了朋友，也会痛苦难挨。如果一个从未体会过爱的人自
称幸福，我们很难想象有人会相信这是真的，因为在我们对
幸福的理解中，人与人之间的感情是不可或缺的一部分。

但是，友谊不是对所有人都一视同仁的，它是一种选择性的情感：只有我们亲密生活的参与者才能让我们感受到这种奇妙的亲近感觉，让我们感到友谊的小火炬在内心熊熊燃烧。朋友无法让我们无动于衷，因为在他们的身上，我们能一下就看到存在于自己内心里隐藏着的东西。亚里士多德说，朋友是"另一个自己"。我们像爱护"自己的眼睛一样"爱着的朋友承载了深厚的情感，这种情感反映了我们和自己的关系。我们欣赏的朋友身上的优点，正是我们身上让自己引以为豪的地方，他们身上让我们难以容忍的缺陷，也是我们最讨厌的自己身上的缺点。被我们所爱的人走进我们的内心，这是一种力量和特权。他/她可以闪电般地赢得我们的青睐，这也是爱情能够如此强烈的原因。

爱情也可以体现德性

刚刚说到的强烈，针对的是付出的爱，而不是接收到的爱。落花有意而流水无情的单相思也可以很强烈。反过来说，被不爱的人追求，有时也是一种难以摆脱的负担。因此，主动的爱更为美妙。这没有什么可奇怪的，因为它是一种行动，而追求卓越正是一种行动。

第三，爱似乎是主动的，被爱则是被动的。所以，爱与友善都是那优越的一方的实践的结果。第四，每个人都更珍惜他经自己劳动而获得的成果。例如，那些自己辛苦地赚得钱的人比那些通过继承遗产而得到一笔钱的人更加珍惜钱。接受似乎不包含辛苦，而给予却要付出辛苦。

——《尼各马可伦理学》，第九卷，1168a

这当然不是说，只要大度者能够自由地去爱他人，对于自己是否被爱就可以满不在乎。一味地去爱而不期盼被爱，这是不现实的。但区别在于，大度者不是为了被爱而去爱人。很多时候，我们进入一场关系，是为了有个人照顾自己："他照顾我，他懂得倾听，他很温柔体贴……"这种被爱的需求源自自爱的不足。有德性的爱则与之相反。只有当对方接受我们的爱时，我们才能没有阻碍地体验爱人的快乐。也就是说，"被爱"不应是我们特意追求的对象，而是允许我们"自私"地享受"爱人"的乐趣的条件。

这种爱随着我们为之投入的努力的增加而增加。一切德性都必须通过行动才能体现，爱也不例外。许多情侣误以为爱是一种被动的体验，不需要主动采取行动，于是任由爱流逝。虽然"激情"和"被动"在哲学意义上同源[1]，但爱不是一种被动状态，它需要长期的行动。一日之间就相爱，没过多久就分手，这又能怪谁呢？爱，不是"恋爱的感觉"，因为体会到这种感觉太容易了，失去这种感觉也太容易了。真正的爱是一个动词，它需要行动。因此，爱情也是一个允许我们体现卓越的领域。

与亚里士多德一起反思

1. 想一想你恨的人都有谁。有没有发现，在你恨的人中，没有一个人让你"没什么感觉"。恨像是夭折了的爱。讨厌一个人，说明你对他足够重视。伤害他人，折磨他人，也是在强迫对方理会自己。让人既苦涩又欣慰的是：冤家对头那么努力地打压我们，是因为他觉得我们足够强大。

2. 想一想你的劲敌。想到他，你会不会难以忍受？他的存在，是否会逼迫你去评估自己，如果比不过他，你会不会觉得自己的价值受到了影响？还是相

---

1 被动性（passivité）和激情（passion）都来自拉丁语"passio"一词。——译者注

反，他会激励你超越自己？

在你的眼中，你的竞争对手是敌人，还是激励你力争上游的对手？顾拜旦的奥运精神与不求胜负的卓越的古典德性如出一辙。如果他人的卓越会激励你做得更好，那么胜负又有何关系呢？重要的不是取胜。你的对手越是强劲，你超越自我的空间便越是广阔。

与亚里士多德一起行动

下个周末或者下个假期，花点时间独自去散步。关掉手机，和世界隔绝。看一看，你能坚持多久？记录一下，从开始独处到感觉受不了了一定要和他人接触，需要多长时间。

这样，你可以精准衡量你对自己的"容忍度"。你可能会惊讶地发现，那个如此容易被打上自私标签的你，竟然连和自己独处几分钟都那么难……

快乐在行动中

如果说德性是自私的，那是因为它不存在于他人的目光中，而是在我们取得的成功中，在成功带来的快乐和自我解放中。如果我们能够从行动本身体会到快乐，那还有什么理由为了追求快乐而行动呢？

道路尽头的快乐

我们在前文已经看到，大多数情况下，我们将快乐视为目的，将行动视为实现该目的的手段。行动本身不一定是有乐趣的。我们把快乐看作付出努力后取得的收获，付出牺牲后获得的补偿。对于运动员来说，这是他们不管乐意与否都能够投入漫长训练的动力。坚持不下去的时候，只要想到站上颁奖台的那一刻，想到夺取奖杯的荣耀，想到鼓掌叫好的观众，就可以咬牙坚持。"那我就太幸福了！"——他想象着胜利的快乐，虽然可能不太敢承认自己有这样的想法，但这是他坚持下去的理由。

追求幸福的我们也和运动员一样，但这也正是放纵的标志。无论我们眼中的幸福是什么，无论是成为奥运冠军，还是成功、天堂、健康、自由、家庭和睦、成为小有名气的作家、在金融圈闯出一番天地，我们都把快乐放在了目的的地位上。于是我们努力，我们洒下汗水；为了最后能获得快乐，我们甘愿忍受痛苦。

有些时候，我们也不得不悲哀地承认，我们的努力都付之东流了。比如说，抱着通过一场重要考试的愿望，我们花费了一整年的时间来准备，结果却以失利告终。没有任何可以挽救的机会，剩下的只有失败、浪费的时光和白忙一场的苦闷。

实践之中的快乐

在亚里士多德看来，这种思维模式对应着名为制作（poiesis）[1]的行为。这种行为的特点是，它的目的在行为本身之外，在制作的东西中，在创造的产物中。如果我们的生活完全围绕着制作而转，它的凶残将暴露无遗，因为它会使生活的快乐暂停，让我们去追求不确定是否能得到的东西。成功的愿景让我们如痴如醉，失败的焦虑却也如影随形。我们能看到出类拔萃的成功者，却看不到他们背后有多少默默无闻的绝望者和失败者。

好消息是，我们还有采取别的思维模式的可能。有一种行为和"制作"相反，亚里士多德称之为实践（praxis）。在实践中，目的不需要和行动不同，更不需要比行动地位高。

1　"poiesis"有时也被译为生产、创作、制造、创制等。——译者注

"实践不是一种制作，制作也不是一种实践。"[1]即使作品无法发表，我们也可以享受写作本身；即使得不到奖牌，我们也可以享受游泳本身，体会游泳技术提升带来的快乐；即使不确定能否得到神的保佑，我们也可以享受祈祷本身，享受它舒缓的节拍和它给我们带来的内心宁静。

实践是一种态度，它在于享受做事本身。和我们天生的放纵倾向不同，实践不把快乐摆在目的的位置。快乐就在这里，在行动本身中，行动本身就足够，不需要别的目的，也不需要外在的目标。实践的快乐，在于舞蹈本身，在于游泳本身，在于写作本身，在于祈祷本身……总而言之，实践的快乐在于行动本身。

制作的目的是外在于制作活动的，而实践的目的就是活动本身，——做得好自身就是一个目的。

——《尼各马可伦理学》，第六卷，1140b

行动不排除制作

显然，这并不意味着我们就不需要进行任何制作，不

1　《尼各马可伦理学》，第六卷，1140a。

意味着我们可以一味做事，无需考虑产出。单纯的写作无法让一个人成为作家。谁都可以提起笔写点东西，但要称得上作家，还需要作品的产出，也就是能称得上散文、小说、诗歌或剧本的成品。没有作品的作家是不存在的。作品将为之付出的一切努力串联在一起，把它们统一成一个独特并且可以辨识的行为。

尽管如此，制作出来的东西并不是行动的目的，它只是给了我们采取行动的机会。作家发表小说，因为这给了他表达写作欲望的机会。行动指挥制作，而不是相反。

无论谁要制作某物，总是预先有某种目的。被制作的事物本身不是目的，而是属于其他某个事物。而良好的行为自身就是一个目的。[1]

——《尼各马可伦理学》，第六卷，1139b

只是为了发表而进行的写作能有什么意义？如果发表是目的，写作只是手段，那么我们便不是为了写作而写作的。可笑的野心，它让创造过程变得既了无生趣，又缺乏效率。

---

1 中文参考两个译本：亚里士多德，《尼各马可伦理学》，廖申白译，商务印书馆，2003；亚里士多德，《尼各马可伦理学》，苗力田译，中国人民大学出版社，2005。根据法语译文微调。

实践的内在效率

事实上，为了行动本身的快乐而行动，不仅能够使我们实现自我，也更有效率，因此更容易引领我们走向成功。

这一点也可由每种快乐都与它所完善的实现活动相合而得到见证。因为，每种实现活动都由属于它的那种快乐加强。当活动伴随着快乐时，我们就判断得更好、更清楚。例如，如果喜欢几何，我们就会把几何题做得更好，就对每个题目有更深的领会。

——《尼各马可伦理学》，第十卷，1175a

如果体会不到快乐，运动员怎能找到成功所必需的意志和耐心？没有快乐，一味主观努力是不够的。要想在一项事业中取得成功，无论这项事业是什么，它首先必须让我们感到快乐。否则，我们的努力将伴随厌倦和漠不关心，无论我们多么严肃认真，做出的东西都不可能有多好。我们不应为了成功而强迫自己培养感情，而是应当从热爱启程。因此，只有我们感到快乐，成功才有可能降临。

快乐有助于进步还有另一个原因。如果一件事能让我们感兴趣，我们就会集中注意力，不容易分心。但如果做的是自己不喜欢的事，我们就很难不神游。我们会寻找任何可以逃避手上任务的机会，就连身边飞着的苍蝇都能引起我们的兴趣。这样下去，我们会变成什么都只知道一点点的"皮毛专家"。我们立下诸多计划，每个计划实施起来确实也能让我们感到快乐，但只在开头的时候如此。过不了多久，我们就会被无聊打败。想象中的计划是那么美妙，一旦真的开始付诸实践，幻想就破灭了。谁不想掌握一两种乐器，再会上五六门语言？这是完全可以理解的。但坚持难久，练习易倦。过不了多久，吉他就被冷落在某个角落里，语法教程也被束之高阁……我们等待有一天快乐能够降临，但这等待的过程太苦了。

反之，如果我们一开始就享受拨动琴弦的感觉，能在结结巴巴吐出单词时体会到快乐，结果自然不同。学语言最有效率的人，是乐此不疲地练习他仅认识的那几个单词的那些人，他们抓住一切机会使用这些单词，不在乎这样做会不会让自己显得可笑，也不等完全掌握了句法或语法才去交流。他们享受这个过程。而"孜孜不倦"地制造噪声，期待着有一天它们能变成音乐的那些"周末音乐家"也一样，他们也在这个过程中享受自己。因为他们喜欢自己在做的事，就不会觉得需要去干点别的什么事情；因为他们不容易分心，所以进步更快。

亚里士多德希望我们采取这种态度，来避免成为放纵与禁欲的矛盾结合体。但它的好处可不止于此，它还能让我们体验到一种本质不同的快乐，也就是一种因为不掺杂着痛苦，所以更为纯净的快乐。

走向更纯净的快乐

放纵的快乐在于匮乏（缺乏）的满足，放纵总是包含在这种匮乏中的。行动的快乐标志着满盈。

存在着不包含痛苦或欲望的快乐（如沉思的快乐），这是一个人处于正常的状态而不存在任何匮乏情况下的快乐。回复性的快乐只在偶性上令人愉悦这一点可由以下的事实得证：在正常的状态下，我们不再以在向正常品质回复过程中所喜爱的那些东西为快乐。在正常的状态下，我们以总体上令人愉悦的事物为快乐。而在向正常品质回复过程中，我们甚至从相反的事物，例如苦涩的东西中感受到快乐。

——《尼各马可伦理学》，第七卷，1153a

亚里士多德这段话表达的意思其实很简单。饥饿难耐的人不会对食物挑肥拣瘦，他吃东西只是为填补匮乏，因此清汤寡水的饭菜在他口中都如同珍馐佳肴。同样，如果我们制订某项人生计划是为填补一种匮乏，填补匮乏的东西的品质便没那么重要。对于一心想出名的人，只要名声大噪就可以，他不在意如何成名。在他眼中，在电视上自吹自擂、插科打诨，和对着受教育程度更高、举止更文明的观众发言这种门槛更高的举动，带来的快乐是一样的。更有甚者，有的人自身才华不足，难以取得实至名归的成功，但又想提高曝光率，于是他乐于弄臭自己的名声，因为对他来说，比起默默无闻，还不如发表一些惊世骇俗的言论，被所有人仇恨。

不受匮乏折磨的人，能选择更高品味的东西，但这也是一种奢侈。匮乏缺失之处，便是高质量的快乐得以安身之所。

仔细想一下，我们便会发现，放纵的快乐和行动的快乐其实一脉相承：后者是前者圆满之后的形式。吃东西让饥饿的人感到快乐，这是因为填补了饥饿感之后，他终于能够去行动。营养的匮乏不再羁绊身体，身体可以顺畅无阻地行动起来。这也是为什么肥胖的人会感觉行动受限，因为身体多余的重量限制了他的行动能力，即使他的每个动作都小心翼翼，却还是气喘吁吁。反过来说，我们结束运动之后，往往会感觉很灵活，仿佛身体自由了，活动自如了，也准备好听从自己的命令，行动起来。

因此，亚里士多德说，与匮乏相关的快乐只是在"偶性"上使我们快乐。对匮乏的填补本身并不会让人快乐，但能够让人体得以"重启"，可以重新开始行动，真正的快乐则是在行动中。因此，真正的快乐实际上只有一种，那就是伴随着行动的快乐。任何其他快乐都是偶然的、不完整的。

使人回复到正常品质的快乐只在偶性上令人愉悦。在这个过程中，欲望的实现活动只是还处在正常品质的那个部分的活动。

——《尼各马可伦理学》，第七卷，1152b

生命也是场行动

快乐在行动中。我们对这种快乐都不陌生。事实上，我们的整个生命也可以看成一场行动。

而我们是通过实现活动（生活与实践）而存在。

——《尼各马可伦理学》，第九卷，1168a

　　我们一动不动的时候，其实也在行动：维系生命的器官还在日夜无休地工作着。这场生命进程中的每个时刻都有其内在价值。虽然很微小，但还在呼吸也是种快乐！

　　但是，生命不是生活中唯一的行动，我们在生活中持续不断地行动着。每个决定都毫无例外地是一个行动。早晨去买面包的决定、结婚的决定、洗车的决定、关掉电视的决定等都是行动，都可以体现我们的德性。所以，请不要以为行动一定得是某种壮举。

　　可以说，日常生活给了我们无数次行动的机会。但是，行动不是做决定那么简单。我们还需要学会为了行动本身而决定行动，而不是为了其他目的，不要让行动成了单纯的条件。我们应当把自己做的每件事都看成享受快乐的机会，让每个行动都具有内在价值，而不是等待某个外在目的来赋予行动价值。

　　一个人还必须是出于某种状态的。首先，他必须知道那种行为。其次，他必须是经过选择而那样做，并且是因那行为自身故而选择它的。

——《尼各马可伦理学》，第二卷，1105a

与亚里士多德一起反思

1. 在你的周围，有没有一些业余爱好者？比如说，喜欢收集啤酒瓶盖的人，喜欢买最新邮票的人，或者花很多时间去拼图却在拼好了以后马上拆掉的人……你觉得他们难以被理解，还是说你也是其中一员？这些行为的目的好像微不足道，不值得投入这么多努力……这么说是没错，但其实目的只不过是个借口。快乐在行动中。

2. 你抱怨过自己的工作吗？会不会觉得有很多其他想做的事？你会不会觉得工作不适合自己，对工作不满意？这确实是一种可能，但还有一种可能：因为你无法不用制作的视角看待工作，所以感受不到其中的乐趣。

如果是第二种可能，就算你决定归隐田园，辞职去乡下养羊，也无法真正改变现实，因为你还是会用同样的视角看待牧羊人的工作，于是养羊也会变得难以忍受……你会不停地换工作，但总是感觉不满意，然而问题实际出在你自己身上。

3. 我规定自己每周打扫一次房间。刚开始的时候，我拖着双脚，应付似的把吸尘器推来推去。擦洗、扫地、收拾，都让我感觉自己是被洁净生活绑架的苦役犯，为残忍的"家居之神"牺牲自己，我总是想着快点弄完。渐渐地，随着习惯慢慢养成，我在打扫的时候开始变得悠然自得，逐渐有了一套成型的方法，它引导我不由自主地擦拭茶几上的污渍，收拾碍事的小物件，驱逐试图在床下安家的蜘蛛……

曾经的业余抹布使用者，突然化身为家政专家，这是否令你称奇呢？还是说你也有这种任务变成乐趣的经历呢？

良好倾向的重要性

卓越并非易事。为了成为最好的自己，我们需要在所有情况下都能够识别什么最有助于我们自我实现。这种能力在于敏锐地察觉什么事情和行为是适合自己的。不幸的是，我们的情感倾向却执着地妨碍着我们：光是把我们引向有害的偏好还不够，它们还要让我们尽可能长时间地保持这些偏好。

有利于自我实现的外在条件

发挥能力需要许多先决条件。肺无法在没有氧气的环境中工作，眼睛无法在没有光线的环境中工作。同样，缺少父母关注的孩子，便缺少了发挥其最大潜力的先决条件，当然，在焦虑的家长过于关注下成长的孩子也是如此。在潜力发展成行动的过程中，有利的先决条件必不可少。

> 再加这样的条件，"如果没有外物阻挠"，是不必要的；因为上一语中所云"境况适宜"就表明某些正面条件，由于这些正面条件，反面条件就已经被排除了。[1]

——《形而上学》，1048a

只要障碍未被清除，潜力就没有机会发挥作用。之所以说幸福不完全取决于我们自己，是因为还有这些条件需要满足。我们在自己无法掌控的家庭或社会背景中成长。认为在有毒的环境中生活的人也能自我实现，这是一种天真的想法。生活在战火硝烟中的人，需要为了生存、生计

1　《亚里士多德全集》（第七卷），苗力田主编，中国人民大学出版社，2016。

而奋斗，幸福对他们来说遥不可及。如果有人不同意这一点，那只能说明他缺乏常识。

人们都把快乐加到幸福上。这样看是有道理的。因为，既然没有一种受到阻碍的实现活动是完善的，而幸福又在本质上是完善的，一个幸福的人就还需要身体的善、外在的善以及运气，这样，他的实现活动才不会由于缺乏而受到阻碍。(有些人说，只要人好，在贫困中和灾难中都幸福。这样的话，无论有意无意，说都等于不说。)

——《尼各马可伦理学》，第七卷，1153b

实现幸福，不仅需要我们努力改变自身，在很大程度上也需要我们周围的世界发生改变。幸福既是个人问题，也是一个真实的政治问题。

铺天盖地的工作是个偌大的障碍

但是，这个政治任务不能单方面地归结于能够保障富足和安全的物质条件。富足诚然重要，但它远远不够。正是因为社会追求富裕之理想，它才受制作，即生产模式的支配，严重地削减了我们的幸福感。很多时候，西方人更难想象将生命献给行动，因为西方人周围的环境系统性地鼓励他去生产，而不是去行动。

我们大多数人会把每天很大一部分时间用来工作，以赚取一份薪水。除了考虑转行的人和正在进行职业规划的学生以外，很少有人会问自己这个问题："我最适合做什么？"这里"做"指的是职业，且仅仅指职业。问自己适合做什么，就是问自己应该做什么工作，多么灰暗的现实啊——我们的社会完全是围绕工作来构建的。我们很难想象围绕着休闲娱乐的生活，在这样的生活中，每个人只为了行动的快乐而行动。

这种生活是如此难以想象，以至于在法语中曾经指"休闲娱乐"的词，现在仅仅指下班后的"休息"，也就是终于可以从工作累积的辛劳中获得恢复的休息时段。"休息"只不过是工作的反面，仅此而已。今天，围绕这个休息时段，也就是我们想要休闲娱乐的时段，许多产业蓬勃发展：以让我们放松为唯一目的的电影，若我们重返儿童时光则会更加上瘾的游戏，向我们保证碧海银滩的天堂的旅行社，允许我们结束一天劳累的工作后放飞自我的夜店……

因为辛劳之人更需要松弛，嬉戏就是为了放松，而劳作总是伴随着辛苦和紧张。[1]

——《政治学》，第八卷，3，1337b

　　然而，所有这些行动都无法让我们逃脱工作的魔爪。有时候我们之所以什么都不想做，或者想进行一些不动脑筋的娱乐，是因为工作消耗了我们太多的精力。但是，消耗我们的不是工作所需要我们付出的努力。有些事情虽然费力，却让人十分愉悦，一旦这个事情的唯一目的变成产出，即使它不需要什么投入，也会马上变成让人厌烦的任务：学生要交给老师的作业，还没开始做就已让人感到疲惫；职员要交给上司的报告；必须加快的工作节奏，必须关注的行业资讯……

　　当然，有些人确实能够从工作中获取快乐。恭喜他们！我在这里当然不是想说，不应该热爱自己的工作，或者不应该带着热情投入工作，我鼓励这种热情。但是，从工作这种行动中获得的快乐，是服务于生产的工具。在这里，产物是最重要的，也是唯一重要的东西。员工自我实现有助于生产，但他的行动仍然是服务于生产的工具。这

1　《亚里士多德全集》（第九卷），苗力田主编，中国人民大学出版社，2016。除另有说明，后面的引文均采用这个译本。——编者注

一规则支配着我们的精神世界。理想状况下，我们应当摆脱这种规则。但是，仅仅减少工作时间，增加休闲的时间，绝对无法让我们逃离魔爪。

我们只能在适当的时候引入嬉戏¹。作为一剂解除疲劳的良药。它在灵魂中引进的运动是放松，在这种惬意的运动中我们获得了松弛。然而闲暇自身能带来享受、幸福和极度的快活。忙碌之人与此无缘，只有闲暇者才能领受这份怡乐。忙碌者总是以某一未竟之事为目标而终日奔波，然而幸福就是一个目标，所有人都认为与幸福相随的应该是快乐而不是痛苦。当然，对于快乐，根据每个人的不同品格，各人自有各人的主张，最善良的人的快乐最为纯粹，源自最高幸福就是一个目标，所有人都认为与幸福相随的应该是快乐而不是痛苦。

——《政治学》，第八卷，3，1337b

金钱这个工具是把双刃剑

因此，幸福是个政治问题。古希腊哲学家习惯将教育

---

1 在这段引文中，"嬉戏"（译按：法语amusement）的意思是"闲暇"（译按：法语loisirs）。而"闲暇"有着哲学层面的意思，它指的是实践（praxis）的最终理想。

问题放在这个领域，便是明证。之所以涉及教育，是因为我们为了自我实现，不仅需要有利的外界环境，还需要学会追求那些能够让我们成为最好的自己的东西。

举个例子，腰缠万贯就是一个较大的优势，因为金钱可以为我们带来最有利于我们的东西。金钱的力量，在于它只是一种象征符号，本身并没有使用价值。金子既无法填饱肚子，也不能蔽体御寒。它没有任何用处。古希腊神话中的迈达斯——点石成金的弗里吉亚国王，便吸取到了这个深刻的教训[1]。但是，正因为金钱本身什么都不是，所以它才有变成任何东西的可能性。作为最典型的交易工具，金钱让事物变得可以度量，因此它具有成为一切的等价物的潜力。

有时，金钱的力量让我们愤愤不平。我们大义凛然地说，有些东西是不能卖的。现实却是，它们确实可以。正因为金钱什么都不是，所以它具有异化一切的力量。

也正因如此，使用金钱是我们获取欲求之物的最佳手段。相应地，它也成了欲求一切可得之物的最佳手段。事实上，拥有财富会让欲望膨胀：一切支付得起的东西都变

1　迈达斯是古希腊神话中弗里吉亚的国王，获得了点金术后却发现碰到的食物都变成了金子，他吃不了东西，甚至还把女儿变成了金子，最后不得不请神收回这项超能力。——译者注

成有资格欲求的东西。如果我们正好不知道自己想要什么，财富恰巧可以鼓励我们去欲求任何东西，填补这个空缺。下面的情况就经常发生：我们自以为是为了实现自己的抱负才去追求财富，但当财富真的到来之后，曾经被贫困遮蔽的一些欲望也显现出来。于是，我们不再追求能让自己感到满足的东西，而是以物喜，满足于自己拥有的财物。我们不再知道自己真正需要的是什么，于是为了逃避恼人的选择，便选择追求财富。我们的欲望开始追求可得之物，而不是有益之物。总之，富足和贫穷毫无二致：贫穷需要填补匮乏，富足则需要填补空虚。

俗语说，贪得则无厌，无节制获得使人愚陋。对一个在灵魂上品行不端的人，不论是财富，还是权力和美貌都不会成为有益的，对这些东西应有尽有，却只是缺少明智德性的人，所拥有的越多对其拥有者的损害就愈严重、愈经常。"不要把刀剑给予玩童"就意味着"不要让坏人拥有财富"。

——《劝勉篇》，1

蒙蔽双眼的情感倾向

由上可知，鉴别什么对自己有利，什么有助于我们自我实现，是一种关键的能力。选择陪伴自己一生的伴侣不是件小事。有的爱情会激发出我们最差的一面，而不是最好的一面。下面的说法可能有些人不太容易接受，要知道爱情不总是美妙的。罗德里克对施曼娜的爱情[1]是理想中爱情的典型例子。这是一段瑰丽的爱情故事，两个人都年轻貌美，并且因为爱情激发出英勇壮举乃至牺牲。

但这种爱情毕竟是少数。多少相爱的情侣沦为痛苦关系的囚徒？多少人受到亲密关系的摧残，却因为有感情，舍不得分开？这类情侣仿佛不慎落了水，在绝望中互相拉扯，结果一起越陷越深。虐恋——折磨人的有毒爱情，是存在的。有害的友谊也一样。

情感倾向容易蒙蔽我们的双眼。在情感倾向的支配下，对自己有害的人或事，反倒让我们感到快乐，而最有助于我们自我实现的人或事，却让我们无动于衷。

这种怪相要归咎于教育。我们在儿童阶段形成的有害倾向实在是太多了。儿时接收到的扭曲情感，让我们养成不良习惯；让我们郁郁寡欢，难于排遣；让我们无端自责，丧失尊严；让我们敏感多虑，惶恐不安。棍棒下长大的孩

---

1 皮埃尔·高乃依代表作《熙德》的主人公。——译者注

子，会觉得暴力是一件正常的事。曾经挨过的毒打，有一天他会"乐于"施加给别人。耳濡目染之下，每个孩子都无意间继承了父母的缺陷，于是家庭的不幸代代相传。

这可以由那个打自己的父亲的人用来为自己的行为作辩护的那番话得证。"是的。"他说，"我父亲过去也打他父亲，他的父亲也打他父亲的父亲。"他指着自己的儿子说，"这个孩子，将来长大了也会打我，这是我们的家风"。另一个故事也是一个证明。当父亲被儿子推向门外时，总是央求儿子到了门口就别再推了，说他过去也是推到门口就不再推的。

——《尼各马可伦理学》，第七卷，1149b

摆脱这些有害倾向是一项艰巨的任务。它们深深地烙印在我们的骨子里，时间才能将其抹平。它们就像顽固的溃疡，无法仅仅通过语言消除。当然，语言这一媒介让我们能识别这些有害倾向，而且能做到这一步就已经不错了。但要彻底摆脱它们不是一件易事，因为我们的欲望是不理性的。这不是说情感总在执拗地冲撞理智，好像我们身上的兽性总在和人性做斗争似的。不理性的意思是，情感倾向不具备理性，而是受感觉的支配，这和认知倾向很不相同。欲望与理智并不矛盾，欲望有自己平行于理智的生命，二者并行不悖。

因此，我们可能拥有完全理性的追求，却无法控制住自己的欲望，这就是为什么我们会做出不自制的行为。

因为我们既在自制者中、也在不能自制者中称赞他们灵魂的有逻各斯[1]的部分，这个部分促使他们做正确的事和追求最好的东西。但是在他们的灵魂中，还有一个和这个部分并列的、反抗着逻各斯的部分。就像麻痹的肢体，当我们要它向右时，它偏偏要向左。灵魂中的情形也是这样。不能自制者的冲动总是走向相反的方向。在身体中我们看得到这个部分在反向地行动，在灵魂中则看不到。但是在灵魂中显然有一个不同于逻各斯部分的部分，抵抗、反对着逻各斯的部分。

——《尼各马可伦理学》，第一卷，1102b

---

1 "逻各斯"一词是古希腊语单词λόγος(logos)的音译，意思是话语、规律、理智、理性等，因为它同时具有多层含义，不好用同一个现代词语表达，所以经常采取音译。除了逻各斯外，它经常被译为理智或理性，也可以简单理解为理智或理性，本书中统一译为理性。——译者注

也就是说，一个人可能清楚地知道有些食物对身体不好（太油、太甜、太咸之类的食物），却无法抵抗它们的诱惑。他习惯于重口味的菜肴和添加剂的味道，于是其他食物吃起来都味同嚼蜡。他的欲望在整体上是好的、有德性的：他知道有些食物对身体不好。一旦到了具体层面，冲动就取得了胜利：他管不住自己的嘴。

因此，我们有必要重新接受教育，重新接受情感教育，学会从对自己有利的东西中获得乐趣，并厌恶对自己有害的东西。这计划着实不错，可是如何实现呢？

与亚里士多德一起反思

1. 你有没有过这样的体验：家人朋友一片好心来帮你，你没有领情，事后又感到愧疚？或者，有人想劝诫你克服某个欲望，被你不客气地驳斥回去，然后你又对自己的冲动感到后悔？请不要和自己过不去。在我们脚下铺路的人，同时也剥夺了我们自己行走的快乐。过于热心的人往往得不到回报，这只能怪他们自己。没有人强迫他们去替别人做事。我们希望证明自己，不希望他人带着多余的好心插手。

2. 你能识别出，在自己身边的人中，哪些对你最有正面影响吗？哪些能激励你做得更好，超越自己？反过来，哪些又好像一事无成，对你也没有什么积极影响？你有没有提醒过自己，要注意一下交往的对象？请自行思考。

与亚里士多德一起行动

实现这个壮举需要你做一些牺牲：请你打开电视多看些广告。看一看，什么样的广告最能打动你。是那些突出商品用处的（让衣服洁白如新、刮起胡子来舒适贴面、为行车安全保驾护航等），还是那些突出商品使用者某种卓越品质的（豪车里散发着尊贵优雅气质的男性、抹着奢华香水的迷人下巴、带着阳光质朴的笑容、给宾客分发用速冻食材制成的菜肴的主人）？广告制造商可都是研究亚里士多德的专家。他们知道，要让一个东西具有吸引力，就必须展示它如何有助于实现每个人都想实现的卓越。

第三章

行动指南

向 有 德 之 人 看 齐

和许多同时期的哲学家一样，亚里士多德十分重视"怎么做"。诊断出折磨我们的假象只是第一步。摆脱旧习惯，建立新习惯，则是第二步。解释怎么做才能痊愈，是任何疗法都不可或缺的环节，许多现代哲学家却把这一重任交给了读者。

在这一点上，古代哲学堪称典范。它尤其注重实用性，这体现在两个方面：首先，它关注与日常生活相关的实际问题；其次，它提供了实用的解决方案，来帮助智慧真正在我们的内心扎根。

那么，要怎么做才能实现"卓越"这个目标呢？我们觉得自己的行动乏善可陈，其实是因为没有真心投入。我们不是真的在行动，即使行动也多少带着些不情愿；我们不是真正的行动者，只不过是媒介。于是，我们把光阴虚度在矛盾的双重生活上：在行动上，我们做着身不由己的事，甚至因此认不清自己是谁；在内心，我们叹息着自己有太多潜力没有发挥。

但是，无论一个人多么有潜力，如果只停留在构思阶段，想法还混混沌沌地停留在脑子里，哪怕再自信，脑子里有再多奇思妙想，都无法成为天才。只有自我陶醉是不够的，必须做出努力，理清脑子中的线索，让想法变成有形状、有结构的东西，也就是让思考成为行动。

我们必须承认，行动蕴含着危险：发现自己没有想象中那么优秀的危险，发现自己的能力配不上自己的野心的危险。但话说回来，这算得上是危险吗？行动是野心的坟墓，确实如此。但坟墓也能揭示真相，失败则像是一面面镜子。选择接受考验，是认识自我最有效的方式。我们之所以能够在行动中认识自身，是因为我们在行动中暴露了自己的真实水平。因此，选择行动，无论结果是输是赢，都会有所收获，但条件是先投入行动中去。

知道自己想做什么之后，再开始行动，就像是等到自己成为钢琴家，再开始练琴一样不切实际。要知道，是行动决定了我们的倾向。若要改变倾向，更深入了解自己，我们必须行动起来。要想找到自己的德性是什么，也必须行动起来，而不是等到自己拥有了某种德性，才终于愿意付出微弱的力量到行动中去。

具体来说，这意味着每个行动的机会都值得抓住。在日常生活中，很多活动都不是我们自己选择的，哪怕是自己选择的，往往也是没有经过思考、机械式的或者随大流的选择。无论是在工作中还是在家庭生活中，我们都会身不由己地被卷入一份又一份操劳中，被带到一个又一个规定我们如何行动的情境面前。但其实，这些都是行动的宝贵机会，它们允许我们亲身试验，我们可以想象有德性的人会如何行动，然后像他们一样行动，哪怕暂时只能蹒跚学步。也就是说，这些活动是德性的试验田。只有经过足够的试错，我们才知道自己真正适合的是什么。

显然，这并不容易做到。实际生活中有太多的障碍，它们表明我们很容易偏离行动。成为行动的主人，占领行动的王国，实属难上加难。我们需要学习的，便是为每一个动作加上一点心意，来克服这些障碍。

良好习惯的重要性

在成为行动的主人、占领行动的王国的征途上，第一个拦路虎便是习惯。习惯消耗着我们的注意力，让生活在千篇一律中陷入一潭死水。那么，我们是不是要摆脱一切习惯呢？当然不是。恰到好处地利用习惯，可以让它们成为我们的强大盟友。

当心一成不变的陷阱

习惯充斥着我们的生活，尤其是日常生活。那些最普通、最具重复性的行为，是我们投入注意力最少的，也是我们最愿意摆脱的：清晨的早餐，家庭里逃脱不掉的例行公事，工作中让人厌倦的重复性动作，还有每天从家到单位、从单位到孩子的学校，再从学校到超市雷打不动的行程……为了给陌生人留下好印象，我们愿意花费心思、付出努力，可一旦回到家，我们就完全不在乎形象，也不去思考自己的行为了。

也就是说，在处理一成不变的生活琐事时，我们最容易忘记行动，但这些事情又占据了生活中最多的时间。甚至可以说，我们生活中很重要的部分都花费在了"自动化任务管理"上，这些任务让我们成了生活不得已的逃兵。习惯消耗着我们的行动能力，但是它的恶果还不止于此。

由于这种原因，有些东西在新鲜时让我们喜欢，后来就不大让我们喜欢了。这是因为，起初我们的思想受到刺激，积极地进行指向对象的活动，就像我们的目光注视对象一样。但是后来活动就变得松弛了，不那么专注了，快乐也就消逝了。

——《尼各马可伦理学》，第十卷，1174b

警惕惯性导致软弱

习惯不仅降低了我们在生活中投入的注意力，还产生了一种惯性。即使我们主观希望改变，惯性的存在也会让改变变得困难。让孩子培养良好的倾向是比较简单的，但要改变已经形成的倾向，则要困难得多。

但是这并不意味着，只要他希望，他就能够不再不公正并且变得公正。这就好比，一个病人不可能希望病好就病好。当然，他可能是出于意愿地、由于生活不节制或者不听从医生的话而得的病。如若这样，他曾经是能够不得病的，但是一旦他丢掉了这个机会，他就不再能那样了。这就好比，你把石头扔出去了就不能再收回来。但是你能够不把它扔出去，因为行为的始因在你自身之内。同样，不公正的人或放纵的人一开始是能够不变得那样的，所以他们是出于意愿地变得不公正的或放纵的。但是在他们已经变得不公正或放纵之后，他们就不能不是不公正的或放纵的了。

——《尼各马可伦理学》，第三卷，1114a

至少可以说，他们已经失去了仅凭意愿就变成自己想成为的人的可能性，只能一点点改变自己已经成为的人。习惯坚如磐石，要花费很长时间才能改变，但是，察觉坏习惯却不需要费力思考。不仅每个人都有能力发现自己的坏习惯，有时外界还会逼着我们反观自身，成为自己的批斗者。有了意识之后，斗争才刚刚开始。我们最好把自己武装起来，尤其是用耐心武装自己，因为敌人，也就是我们自己，这个讨厌革命的"反动派"会顽固地守卫要塞。

哪怕只想养成一个新习惯，也需要付出不少的努力，不过，新的习惯一旦养成，维持下去就比放弃更容易。时常有人会问：在家里这么舒服，为什么要出门呢？这种"宅"的精神里隐含着一种自相矛盾的舒适感：我们感觉在家很舒服，不是因为它有助于自我实现，而是因为这么做需要付出的东西更少。光是养成好习惯的想法，比如跑步或出门喝点东西，就足够让我们感到压力重重了，还没开始就让我们觉得累了。虽然我们感觉太累，不想出门，但打倒我们的不是身体的疲倦，而是出门的想法。还没有开始付诸努力，我们就需要休息，因为准备开始的想法本身就让我们累得够呛。这种惯性导致的陷阱，亚里士多德称之为软弱，它指的是每当遇到困难就选择逃跑的倾向，以及像"有自己的生命似的"的疲倦感。

有的人缺乏抵抗大多数人能忍耐的痛苦的能力，这就是柔弱（因为，柔弱也就是软弱的一种表现）。这样的人会把罩袍拖在地上而懒得提起，或佯装病得提不起罩袍，他不知道假装痛苦也是痛苦的。在自制与不能自制的问题上也是这样。

——《尼各马可伦理学》，第七卷，1150b

让习惯成为行动的帮手

那么，我们还能做点什么吗？再者，有必要费力地改变自己的习惯吗？我们在养成习惯后，做起事来变得更加熟练，面对新任务时可以付出更少努力，这不正是习惯的力量吗？是的，习惯让行动变得更加容易，也更加流畅。因为习惯，运动员可以不假思索地做出动作，无须担心自己的姿势，从而可以更加留意赛场上的其他方面信息。同样，新手司机容易忽视路况，因为他需要专注于驾驶和换挡等动作。一旦开车成为一种习惯之后，司机就可以将更多的注意力放在路况上，问题也就迎刃而解。也就是说，习惯也可以帮助行动，让行动变得更有效率。

因此，习惯本身并没有错。只有那些没有帮助行动，反而取代了行动的习惯才是有害的。如果司机习惯于日复一日行驶于同样的路线，于是不再行动，出车祸的危险便会增大。有统计数字为证，大多数车辆刮蹭都是在车主熟悉的行程中发生的。在这个例子中，习惯没有让司机更加谨慎，而是取代了开车的行动。总而言之，养成习惯的目的，不应是不再行动，而应是更好地行动。

也就是说，利用习惯的目的，不是减少我们做事时的用心或投入。每天看到同一张面孔，人们或许会腻烦，不想再看到它。但是，这张不变的面孔也可以鼓励我们更仔细地观察它，去发觉已经习以为常的细节中蕴含的魅力，发掘缺陷中蕴含的美。有些面孔乍一看上去可能其貌不扬，但会随着习惯逐渐变得丰满。超越最初像糖果吸引小孩子那样吸引住眼球的外在美，渐渐地欣赏一个有血有肉的人真实存在的魅力，不就是真正的爱吗？

以新习换旧习

习惯不仅能让行动变得熟练，也能帮助我们改变有害的倾向。从理论上讲，习惯可以打破固有的倾向或已有的习惯。

有人可能提出争论，说有的人也许天生就不会做事小心。但是，这些人还是要自己来对他们形成了这种不会做事小心的品质负责任。这正像如果他们由于做事不公正或把时光消磨在饮酒等等上面而变得不公正或放纵，他们就要自己对这件事负责任一样。因为首先，一个人的品质就决定于他怎样运用他的能力。这从人们为着竞赛活动而训练自己的例子就可以看出来：他是不间断地锻炼的。如果一个人不知道品质是养成于行为的，他就是全无感觉了。

——《尼各马可伦理学》，第三卷，1114a

所有烟民都知道，戒烟最初的几个月是最难熬的。但是，只要坚持不吸烟，吸烟的欲望会越来越弱。因此，习惯是决心最强大的盟友。一遍又一遍地重复行为，可以帮助我们形成良好的新倾向。多次战胜恐惧后，我们不再那么容易害怕；保持健康饮食后，我们不再喜欢添加剂的味道；足够关爱自己后，我们不再过于操心别人。我们必须先做出行动的努力，然后继续行动下去，慢慢地，所需要的努力和付出也会越来越少。

如此一来，一开始看上去很痛苦的事，最终也能变得轻松愉悦。曾经的烟民呼吸更顺畅了；美食家终于发现，原来蔬菜也可以很美味；胆小的人可以逐渐享受挑战前一刹那的兴奋感。总之，自制是节制的前奏。

自制的人可以抵抗自己身上的不良倾向。虽然他做的事不会让他感到快乐，但他至少知道不应向快乐的诱惑投降。自制者在骨子里还是不自制者，只不过是没有失败的不自制者，他可以战胜自己的倾向，但无法消灭它们，必须时刻和它们进行费力的斗争。在盟友"习惯"的帮助下，取得节节胜利之后，自制者会发生改变：他不再需要那么努力地和不良倾向做斗争了，因为这些倾向缺少滋养，正在慢慢消失。最终，他会获得享受自己所做之事的自由，而这正是节制者的标志。

自制的人有坏的欲望，节制的人则没有。节制的人不觉得违反逻各斯的事令人愉悦。自制者则觉得这类事情使他愉悦，但不受它诱惑。

——《尼各马可伦理学》，第七卷，1152a

危机时刻，让习惯显神通

再回到我们刚才说的惯性。一方面，惯性维持着我们的恶习；另一方面，惯性也是德性的最佳盟友。后天形成的倾向越牢固，就越有力量支撑行动。有了惯性的帮助，生命中注定的无常便无法撼动我们的行为，无论外界抛来什么打击，我们都可以坚定地遵循自己的规划。反之，如果我们坚持的东西完全取决于外在条件，结果就会大不相同。意料之外的升职，从天而降的成功，都可能让一个人改变。曾经如此亲切朴实的人可能一下子变得盛气凌人。有人可能会说："他真是变了。"但其实他没有变，只是过去被外部环境限制了。

危机关头，习惯尤为珍贵，因为它保证我们能够持续管控自己的行为举止。训练有素的军人能够始终保持清醒，展现职业素养，哪怕面对极端境况也是如此，习惯已经刻在他们的骨子里，成为他们性格的一部分，在各种危险面前提供保障。

亲近之人的故去，对于每个人来说都是沉重的打击。父亲失去爱子、妻子失去爱人……这种命运的打击如果来得毫无预兆，痛苦也会更加剧烈。这类意外能把生活变成地狱，没有人能逃脱。为了防止这种痛苦入侵，斯多葛学派[1]教诲弟子们不要过度依恋："上天带走了你的孩子吗？告诉自己，是你把孩子交给了上天。"然而，在哀悼的时候，这种自我洗脑应该派不上什么用场。还是听从亚里士

---

[1]　斯多葛学派是古希腊的一门哲学学派，由生于季蒂昂的芝诺在公元前301年创立。这门哲学推崇超脱的状态，期望由此摆脱痛苦的主宰。

多德更具实用性的教诲吧：不要尝试逃离痛苦。无论如何，痛苦都会在那里，无论别人说什么，哀痛都难以抚平。但是，不要因为痛苦而慌了手脚，不要在哀悼的同时，让生活也变成一团乱麻。坚持那些长期以来帮助你积极生活的习惯，因为它们也能够为你提供面对痛苦的手段。当然，这些习惯扎的根必须足够深，才能在狂风卷掉屋上"三重茅"之时，让德性之树依然屹立。

他（有德之人）也将最高尚（高贵）地、以最适当的方式接受运气的变故，因为他是"真正善的""无可指责的"。但是运气的变故是多种多样且程度上十分不同的。微小的好运或不幸当然不足以改变生活。但是重大的有利事件会使生命更加幸福——因为它们本身不仅使生活锦上添花，而且一个人对待它们的方式也可以是高尚（高贵）的和善的。而重大而频繁的厄运则可能由于所带来的痛苦和对于活动造成的障碍而毁灭幸福。不过，就是在厄运中高尚（高贵）也闪烁着光辉。例如，当一个人不是由于感觉迟钝，而是由于灵魂的宽宏和大度而平静地承受重大的厄运时就是这样。

——《尼各马可伦理学》，第一卷，1100b

与亚里士多德一起行动

1. 你的伴侣上次理发后，你注意到他/她的变化了吗？你能说出他/她身上的衣服穿了多久了吗？你还记得你们上次在饭桌上聊了些什么吗？你有没有忘记过亲朋好友的生日？留心日常生活中每个细节的一个好方法，是规定自己每晚在日记里记录当天值得记下来的事情。记日记是一个历史悠久的行动，一直都很有价值，因为它可以防止我们陷入混混沌沌的生活。

2. 你有什么希望养成的习惯？写下一个目标并制订计划，但请警惕假大空。记住这个原则：能用数字表达的目标是最容易实现的。比如说，如果你想养成的习惯是一门运动，先问问自己每周打算做几次。然后，制订一个时间表，并且选择固定不变的时间。越是还没养成的习惯，越是需要制订严格的计划。若要养成习惯，就必须雷打不动地践行。

3. 想一个你希望摆脱的习惯。它是否和你的另外一个习惯密切相关？有时候，根除一个坏习惯的最好方法是消灭和它息息相关的另一个习惯。比如说，两餐之间吃零食的习惯可能和看电视的习惯如影随形。

如果不消除第二个习惯，就很难摆脱第一个。有时候，有策略地选择一个坏习惯进军，能帮助我们消灭一批坏习惯。

感受，一种审美教育

留心自己的行动，我们需要睁大双眼，真正地去看、去听、去感受，用心地体会周围，体会当下。这些都是可以实现的，但需要一段时间的学习，而且这段学习不可能跳过。感受也是可以学习的。它不是天赋，而是我们可以获取，也应当努力获取的能力。

放开双眼，发觉快乐

当身体什么都不缺乏的时候，它便可以开放自我，关注世界。反之，匮乏的状态只能让身体顾及自身。打个比方，痛苦来自打人的拳头、扎人的针尖、噬人的野兽、吞人的火焰，这些感觉都让人难以抽身，它们强迫身体关注自己，让它无暇顾及身外的一切。人生了病，会被疾病纠缠到五官麻痹，除了病痛什么都感受不到：他就是他自己的痛苦。

　　病人的感受以触觉的形式出现在离他最近的地方。太亮的光线让眼睛疼，就好像有人用手指按压我们的眼皮一样，这就说明痛苦总是以触觉的形式被感受的。门关了，窗户关了，病人都难以觉察，因为对他来说，剩下的只有内在的折磨。

　　相比较而言，惊艳于天空的瑰丽色彩，倾听街道熟悉的声响，细心品尝浓郁葡萄酒各种层次细微差别的味道，这些体验带来的感受就完全是另一回事了。痛苦的内向性让位于外向性，这种外向性伴随着好奇心和去发现、去品赏的欲望。视觉能最完美地体现这种快乐的感觉，因此可以说视觉是它的模型。双眼是好奇心的器官，它们饶有兴致地探索着一切可见之物。即使是失明之人，因为在用其他的感官探索着周围环境，所以也是在用另一种方式"看"世界。某些聆听的方式更像是在观察，就连某些触摸的方式也像是用指尖在"看"。如果说触觉是痛苦的模型，那么视觉便是快乐的模型。

　　这种快乐似乎也是求知的快乐，它们都包含着按捺不住的发现新事物的欲望，穷尽一切细节的欲望，寻找隐藏的规律和逻辑的欲望，以及探索的快乐。

感觉≠被动接受

如果说感觉也是认识事物的方式，那么我们便不能把它们视为简单的被动性工具。诚然，器官需要接受外界的感官对象：没有可见物，我们自然什么都看不见。但是，"看"不仅仅在于接受这个对象给感官造成的印象，好像我们是等待塑型的蜡或黏土似的。看，更是一种行动。感觉，也是一种行动。更确切地说，感觉是感觉主体和感觉对象的共同行动。隐约看到的对象，让视觉有机会得到锻炼，就像不寻常的声音会唤醒耳朵一样。

每当我们为了看得更清楚眯起眼睛时，每当我们为了听得更仔细竖起耳朵时，每当我们细闻香水的复杂香气时，我们便是在行动。我们总是在行动，只是行动的程度不同。有时，感觉确实会完全处于被动的状态。有时，我们的目光停在画作前静止不动，而不是在画布上游走以寻找欣赏的素材；有时，我们被动地接受声音而不加留意；有时，我们任由身体在拥挤的地铁中接受无意的触碰。尽管被动难以避免，但每当我们努力去注意自己的感受时，我们就是采取了更好的行动。

我们无法同时感觉到来自身体所有部位的感受，因此，我们很难对自己的身体进行整体的把握。因为触觉决定了我们的存活[1]，触觉便自然而然地落在了和生活基本功能有关的区域：性器官、双手和嘴。我们感受到的身体和我们看到的身体是完全不一样的。前者是个畸形的身体：与触觉相关的局部过度发达。我们要成为身体的主人，就意味着要运用那些被遗忘的身体部位，让它们也成为感觉器官。

比如说，在按摩时，整个身体就可以被触觉逐渐唤醒，活动起来。通过按摩，身体可以学会感受。原始的性退居二线，让位于浸润每一寸肌肤的强烈感觉。整个身体都被召唤，行动起来，形成一个庞大的触觉器官，体验着每个细微的变化。因为分布更广，由此得到的快乐，更甚于局部的快乐。

我们在这里所说的不是那些最高雅的触觉快乐，例如在健身房里由于摩擦而产生热的感觉。放纵的人喜欢的那种触觉的快乐不是属于整个身体的，而只是身体的某个部分的。

——《尼各马可伦理学》，第三卷，1118b

1　参阅第一章，"快乐会上瘾"一节。

培养快乐的感受力

感受力可以培养，正如学习走路和学习阅读一样，我们也可以学习感觉。一切行动都可以改良，感觉的行动自然也不例外。只要稍加训练，我们就可以从"看到"进化成真正的"看见"，从"听到"进化成真正的"听见"，从吞咽进化成真正的"品尝"。学习感觉，同时也是学习快乐。

每种感觉都显然伴随有快乐。因为我们用愉悦这个词来说所看到的景象和听到的声音。而最完善的快乐就是当最好的感觉能力指向最好的对象时的快乐。当感觉能力与感觉对象都处于这种状态，并且同时发挥作用时，就必定产生快乐。

——《尼各马可伦理学》，第十卷，1174b

一旦我们训练好鼻子和舌尖，让它们学会辨别不同葡萄品种之间丰富的细微差别，喝葡萄酒的体验就再不同于以往。在一次又一次品酒中建立起的感受力，会开启我们从未设想过的、充斥着微妙的快乐的一个新世界。感受力增强后，我们的要求也随之提高，不会再接受任何劣酒。

　　充满细节的精致对象最适合用于培养感受力，这是因为它们提供的快乐更丰满也更复杂，在所有的快乐中更为微妙。可微妙并不等于微弱。如果说感觉是感觉主体和感觉对象的共同行动，那么感觉的力量不仅取决于触及我们的对象，还取决于被触及的感官。粗俗的感官享受粗俗的对象，就像敏锐的感官享受微妙的对象一样。女子身上的香水味对于其他人来说，是个简单的整体，闻到它和闻到普通香水带来的快乐别无二致。但在爱慕她的人的鼻子中这香水味是一种复杂的结合体，爱慕者能分辨出糅杂在一起的丝缕气味，因此快乐也会加倍。我们可能会为了一个灿烂的微笑感动到眼泛泪光，也可能会因为点滴的美妙而惊叹不已。最强烈的情感经常来源于我们察觉到了他人往往忽略的细节。

　　反过来说，鉴赏行家面对过于粗俗、没有内涵的刺激时，会无动于衷。对于资深影迷来说，有些电影简直无法入眼，因为他们认为这些电影不是单纯的差劲，就是蹩脚的模仿，抑或是虽然堆满感官刺激却掩盖不住拙劣的演技、俗套的情节等。

艺术实践的重要性

我们应当努力获得的感受力，是属于审美家的。难怪亚里士多德认为艺术实践是培养审美的最好手段。如果想要增强自己对环境中不断出现的轮廓、线条、形状和颜色的感受力，画画难道不是最好的练习吗？如果我们想要更好地观察世界，对它更加留心，让眼睛不再像急匆匆的行人一样，辨识出一个对象便匆匆寻找下一个，这不就是最好的办法吗？

同样，饱览群书的人眼前上演过的情景，远超他一生中所能经历的事情。这些情景是他的长期财富，在他必须面对错综复杂的人际关系时，可以防止他进行简单粗暴的判断。当然，文学不是经验。以为文学可以让人变得成熟，这是一种危险的想法，毕竟"纸上得来终觉浅，绝知此事要躬行"。文学无法替代经历，但是它能帮助我们更深入地感受过去和未来的体验。

学习观察的最佳方法是通过亲自动手锻炼双眼。自己画画，而不是单纯地观察，能让目光学会行动。对于任何一门艺术，最有资格评价作品优劣的人，都是有一定实际经验的人。先去做，然后才有能力欣赏。不过，不要为了成为作家而写作，而要为了更好地体会词语间的协调性；不要为了成为音乐家而练琴，而要为了让耳朵更好地感受声音的和谐；不要为了成为舞蹈家而跳舞，而要为了换一种方式感受身体。

首先，必须依据亲身体验，所以要趁青春年少时练习音乐，俟年岁长进，他们就可以不再躬身演奏，而此时他们已经由于少年时的学习造就了良好的判别能力和地道的欣赏能力。

——《政治学》，第八卷，6，1340b

在感受力的培养中，亚里士多德格外重视音乐，因为音乐有着与众不同的特点。艺术作品是通过感官表征激发情感的，就像表演在观众眼前产生的效果那样。但是，音乐本身就是情感。它不创造任何情感，而是本身就具有类似情感的内在活动，于是，我们听到悲伤的音乐时会感到悲伤，但这种悲伤没有实际来由。本身可能无法打动我们的一幕，如果伴有哀戚的音乐声，便会变得感人起来。因为音乐的存在能够撼动麻木的感受力，所以它是我们的有力盟友。

其他各种感觉无一能够仿照性情，比如触觉和味觉；在观看事物方面有几分仿照关系，因为所见之物是事物的形象，不过只是在很小程度上的仿照，并非全部事物都进入这种感觉之中。此外，形象和颜色这类派生的视觉印象并不是与性情相同的东西，而只是性情的表征，即对激情状态的临摹。……然而，旋律自身就是对性情的模仿，这一点十分明显，各种曲调本性迥异，人们在欣赏每一支乐曲时的心境也就迥然不同。

——《政治学》，第八卷，5

与亚里士多德一起行动

1. 下次去博物馆时，不要走马观花地看，试一试花一些时间站在一幅画作前仔细观察它。也许刚开始时你会感到无聊，你会觉得身边的人都在走，自己站在那有些丢人，但请不要走开，坚持观察。几分钟后，你便会有奇异的体验：你不再是单纯地看，画作像果壳一样突然打开，让你的目光穿入画作深处，走进色彩和细节的世界。这个体验非常值得一试！

2. 喝水的时候，假装自己是品酒师，像品酒一样鉴赏水。不要一下子咽进去，先让水在口中旋转几圈，然后微微张开嘴，吸入一点空气，最后慢慢地咽下去，把注意力集中在水的味道上，区分那些不同的层次。你很可能会发现，原来水也可以如此有滋有味。

3. 出门散步时，记得经常带上相机，不为纪录生活，而是为了练习观察。一旦开始琢磨什么样的角度最适合拍摄眼前的人、事、物，你观察它们的方式就会发生改变。你可能会突然开始陶醉于美丽的光线，甚至喜欢上脏污的玻璃窗反射出行人的感觉。

4. 试着在一个完全漆黑的环境中听音乐。让视觉完全休息，把它的位置让给耳朵。你会发现，对于听到的声音，我们可以变得多么敏感，开门的声音会突然变成对耳朵的暴力折磨。

5. 保护好你的感受力，不要让它因为任何东西而变得迟钝。我们的感官就像是敏感的示波器。如果你讨厌楼下马路的嘈杂声，那就不要让家里也被五花八门的声音填满。客厅里声音开得很大的电视，扯着嗓门说话的习惯，不停播放的音乐，都可能干扰你的感受力，让感官要么变得过于敏感，要么完全失去敏感性。

聪明和实践理性

学会用心观察很重要，但这还不够，我们还必须有明辨力，在需要理性思考的时候做出正确的选择。在行动中，选择从来都不是显而易见的，总是具有不确定性，因此便需要聪明[1]这种品质。我们所处的情境总在变化，聪明指的就是根据变化的情境做决定的能力。无论掌握多少技艺、拥有多少经验，都无法取代这种能力。

警惕现成的方法或技术

我们粗心大意，往往不是因为缺乏决心，而是因为没有选对方法，在此情况下，即使拥有最好的决心也会受挫。这就好比想要去一个目的地，却不知道应该走哪条路。学生想在考试中取得好成绩，应当如何安排学习计划？想要获得意中人的芳心，应当如何追求对方？创业者想要扩大销量，应当采取什么策略？为了获得最好的结果，我们不停地问着方法类问题，试图找到实现这一目标的最佳方

1 　这里的聪明不是广义上的聪明，而是特指亚里士多德笔下的δεινότης（deinotes），是与行动有关的聪明，作者会在后文中进一步介绍。——译者注

法。在行动上，方法似乎总是个有利的筹码，因为我们想要找到不会出现意外的捷径。但是，捷径有时也可能变成迷宫，甚至是死路一条……

在采取行动时，确定应该采取的方法，是很关键的一环。这很可能会让我们向那些能够指导实践的现成方法或技术寻求帮助。从各式各样的工作法、养生法、管理技巧、销售技巧，到菜谱、呼吸法、吸引异性的技巧、性爱技巧、品酒技巧、领带系法、下棋招数，好像什么都有技术可言。如今的我们比以往任何时候都更依赖书店里的这些琳琅满目的"技术"。像五线谱为音乐提供参考一样，它们为行动提供指引，同时也提供了外在规定和指示带来的安全感。它们允许我们成为无可非议的执行者，帮助我们卸下行动的真正主人所要肩负的责任。

但是，是否使用了技术就足够了，这一点却值得商榷。技术不外乎是制定如何做事的规定。但这种"如何"总是以一种普遍性的陈述出现。方法和技术提供的是普遍的教导，但是，我们需要做的决定和行为全都是关于特殊情况的。

由于一个前提或陈述是普遍的，而另一个是特殊的（因为其一断定这样的人应当做这样的事，而另一断定现在的这种行为就是这样的事，我就是这样的人）。

——《论灵魂》，第三卷，11，434a

但是，如何将普遍规则应用到我们的特殊情况上，这就没有任何现成的技术可言了。倘若有这样的技术，那么我们还需要另外一套技术来说明在什么情况下应当如何使用普遍规则，还需要一套如何应用技术的技术，以此类推，无穷倒退。

实干家≠技术专家

技术，或者说按部就班地运用规则，无法教会我们行动。恰恰相反，技术只对已经拥有某种行动能力的人有用。亚里士多德称这种行动能力为"聪明"。在亚里士多德笔下，聪明指的是能够灵活应对实际情况的实践理性。成功的战略家和常败将军之间的区别就在于聪明。亚历山大大帝——亚里士多德的学生，之所以能取得巨大的军事成功，就在于他强大的应变能力。兵法只对擅长利用它的人有用。军校讲授军事策略，但学生永远学不到如何合理运用军事策略，其原因也不言而喻。聪明是一种才能，它是大实干家的标志。

亚里士多德指出，一个人可能是非常优秀的顾问，自己行动起来却总出差错。因此，谋臣往往当不了好君主。

所以，不知晓普遍的人有时比知晓的人在实践上做得更好。

——《尼各马可伦理学》，第六卷，1141b

卓越的政治家是实干家，而且是知人善任的实干家。他们不是手工活技师，也不是技术专家，而是直接使用技术的人。对他们来说，技术不会取代行动，而是行动的工具，这个工具因为他们善于使用所以更加有效。而对于谋臣来说不一定如此。亚里士多德的老师柏拉图便是一名有政治雄心的哲学家。和许多知识分子一样，他认为自己的能力和学识让他有资格决定什么样的措施是最好的。在描述理想城邦的《理想国》[1]中，他毫无保留地支持"哲人王"的理想，把权力的宝座交给了哲学家。这是对

1　《理想国》是柏拉图的对话体作品，讨论了正义、正义的城邦和正义的人等政治哲学问题。柏拉图在《理想国》中指出，应由哲学家统治城邦。——译者注

哲学的礼赞，自然也获得了各路专家的一致认可。但是，城邦会不会真的获益就难说了。在技术的运用上，制定技术规则的人不是最有能力的。他希望自己制定的规则得到应用，但并不知道如何把它们运用在实际中。在这一点上，亚里士多德比他的老师更谦逊。尽管他是一名大哲学家，但是他并不认为自己比伯里克利[1]更适合管理雅典的事务。

自己试验

在熟知的理论和熟练的实践之间，总是横亘着一条恼人的鸿沟，任何技术都无法填补。这是因为考虑到自身所处的特殊情况时，它所需要的能力和整体思维能力完全不同。应对特殊情况需要的是判断力，也就是将普遍性论断（"应当这么做或那么做"）应用到特殊的实际情况的能力。这便是行动家的突出品质。

这种判断力是在实际经验中不断积累起来的。我们必须尽可能地因地制宜，因此，没有什么比长期积累的实际经验更有价值了。知识难以涵盖特殊情况，经验让我们能

1　伯里克利是公元前五世纪的政治家、军事家、演说家，在当时的雅典具有非常大的影响力。

够适应特殊情况，学会因地制宜。

为了阐明这一点，亚里士多德举了一个平常的例子。假设你知道以下两条信息，一是脂肪含量低的肉对健康有好处，二是禽肉脂肪含量低，这两条信息对于行动是否就足够了呢？事实上，如果没有从经验中学到如何辨认禽肉，这个知识便毫无用处。行动总是由特殊的现实情况而定的，只有经验能增加我们对特殊情况的了解。

再举一个不那么平常的例子：无论一本医书里的知识有多全面，都不足以培养出一名医生。只掌握病理机制的理论是不够的，还需要学习如何正确识别具体疾病，这就需要掌握有关病例的实际经验，它是任何医学培训都必不可少的。自学成才的人有时会犯这个错误：虽然通过自学积累了广博的书本知识，但因为缺乏实际经验，他们高估了自己的资质。这是因为他们用学识评价自己的资质。他们确实博学过人，但是因为他们不知道如何将技艺应用到具体情境中，所以可以说他们其实一无所知。

经验不足，行动来补

虽说如此，经验也不是灵丹妙药。经验确实能帮助我们了解并总结实际情况。比如说，做饭做久了，我们可以只凭肉眼观察就知道原料的分量，比如多少黄油是15克，多少牛奶是75毫升。但是，经验只适用于有足够的重复性和规律性的、可以总结的具体情况。在其他情况下，经验也没有多大用途。比如说，在家庭育儿这个领域，重复性就很少，我们的孩子各有不同，各有自己的个性和反应模式。甚至可以说，家庭中每添一名新成员，家长就要重新学习育儿。

指导行为的规则，只有在事情"总是"或至少"经常"如此时才有用。之所以有的规则更有效，有的规则没那么有效，是因为它们所适用的领域包含的偶然性程度不同。医学技艺应该要比吸引异性的技巧更严谨，写作技巧比阅读技巧更加灵活，手工技能比艺术技能更加有用。还有些活动包含太多不确定性，以至于前人刚写下一个规则，后人就恨不得马上推翻。

对于像科学那样准确和完善的事物，例如文法，不需要作考虑（因为我们对于一个词该如何拼写没有什么疑问）。但是，那些既属于我们能力之内又并非永远都如此的事情，如医疗或经商上的事情，就需要作考虑。我们考虑航海的事多于锻炼上的事，因为航海的事更不确定，其他这类技艺也是同样。而且，我们考虑技艺多于科学，因为对技艺更难判断。考虑是和多半如此、会发生什么问题又不确定，其中相关的东西又没有弄清楚的那些事情联系在一起的。

——《尼各马可伦理学》，第三卷，1112b

在技艺也无能为力的领域，我们需要的是思考。越是不知道具体应该怎么做，越是需要思考。也就是说，我们会留心观察自己所做的，不由得更加谨慎。如果难以判断应当采取什么行动，单纯的规则是不够的。我们需要真正去行动，因为思考正是行动的标志。倘若技术不得不"言败"，那么我们不妨行动起来！

了解当下的现实可能性

聪明意味着切合实际。我们会遇到各种不同的情景，所以不能一成不变地应用规则，要根据实际情况灵活调整，因时、因地制宜。有时，我们的处境对我们的追求十分不利。如果现实难以改变，我们只能在接受现实的基础上进行努力。

我们能考虑和决定的只是我们力所能及，行所能达
的事情。

——《尼各马可伦理学》，第三卷，1112a

能力范围之外的东西，不能作为思考的对象。不思
考现实中的可能性，就决定采用某种行动或方法，是不
切实际的一厢情愿。给遇到困难的人提建议很容易，谁
都能告诉他人应当做什么或者怎么做。但是这种建议
给人以说教的感觉，让人反感，那些站着说话不腰疼的
人只能自食其果。应当做什么是一回事，能够做什么则
是另一回事。调和这两者之间的矛盾需要聪明、敏锐和
能力。谁都可以幻想理想的世界，但愿望对于决策毫无
价值。

首先，选择绝不是对于不可能的东西的。如果有人
说，他能对不可能的东西进行选择，他一定是说傻话。希
望则可以是对于不可能的东西的，例如不死。其次，希望
可以是对于自己力所不能及的东西的，例如希望某个演
员或运动员在竞赛中获胜。

——《尼各马可伦理学》，第三卷，1111b

因此，聪明需要的并不是经验，而是清楚认识当下现实中特殊情况的能力，也就是看到永远独特的"此时"和永远特殊的"此地"中包含的可能性的能力。

考虑的正确是在于它对人有帮助，在正确的时间、基于正确的思考而达到正确的结论。

——《尼各马可伦理学》，第六卷，1142b

许多我们必须做的决定都是紧迫的。最好的决定不一定是绝对意义上最好的。如果有更多的时间，我们也许能考虑得更周全，也许会做出不一样的决定。回想过去，我们很容易后悔。但如果时间有限，那么我们必须迅速做决定，此时最好的选择就是不要因为过度思考陷入拖延。如果必须行动，等到万事确凿再行动不是上策，因为可能会错过有利的时机，让行动的机会白白流失。行动有其独特的节奏，一个与成熟的思考常常不同的节奏。因此，行动也需要我们接受不确定性，承担犯错的风险。

接受世界的不确定性

行动永远包含着不确定性，这种不确定性无法消除。在行动的那一刻，我们没有办法知道自己采取的决定是否正确。

同样，每个人都会生气，都会给钱或花钱，这很容易，但是要对适当的人、以适当的程度、在适当的时间、出于适当的理由、以适当的方式做这些事，就不是每个人都做得到或容易做得到的。所以，把这些事做好是难得的、值得称赞的、高尚（高贵）的。

——《尼各马可伦理学》，第二卷，1109a

这也是为什么我们要学习在不确定性中行动，训练自己随机应变的能力，包括警觉力、反应力、抓住稍纵即逝的机会的能力等。这不是不可能完成的任务。有的人这些能力十分突出，他们随着时间发展培养出了超强的应变能力。这是通过训练可以达到的。

但最重要的是，我们不能有预测一切的幻想。想把每个决定都转化为技术问题，寻找技术解决方案，是不合理的野心。与其让世界变得更容易预测，不如接受我们栖息的世界是由不确定性构成的，现在如此，将来也如此。如果一个人无法接受这一点，等待他的只有幻灭的沉重打击。没有人能够一直预料到他的境遇；也没有任何家庭可以永远免遭不测；没有任何投资可以永远保证收益；没有任何建筑可以永远抵御所有自然灾害。风险总会存在，我们不能无视它们，而是要在接纳风险的基础上行事。

仔细想想，不确定性也是我们的机遇。不确定性让世界具有开放性，让它充满尚未有人踏足的种种可能。我们无法保证自己采取的行动永远就是对的，但我们同样也无法保证未来会怎样。这样一来，坏决定有时也能产生好结果，蠢事也能歪打正着，错误也能带来意外收获。谁说得准呢？未来尚未谱写，明天无法预知。这样也不错，因为它为我们提供了新的行动机会。

我们看到，未来的事件取决于人的意志和行为，一般地说，并不总是处于现实状态的事物，存在两种可能性，即"可能"和"不可能"。同样地，在这些事件中，也有两种可能性，即"存在"和"不存在"。这些事件可能发生，也可能不发生。关于这种事件有很多明显的例子，如这件斗篷有"可能被割破"，也有可能不被割破，而是被穿破……

相对于可能性的其他情况也是如此。

——《解释篇》, 19a

与亚里士多德一起行动

1. 日常生活给了我们许多做决定的机会，它是个完美的训练场。幸运的是，我们在一天当中做的许多决定都无足轻重，不会对生活造成多大冲击。比如，如果你买了孩子不喜欢的牌子的蛋糕，后果不过就是自己吃掉它，这没有什么大不了的。但是，你可以通过这些无足轻重的场合培养你的觉察力，来为面对更重大的事件做好准备。从现在开始，不要总是漫不经心地行动，哪怕是在无关紧要的场合。比如以往你对去超市购物或者日常聊天这类日常琐事，一般都不怎么上心，但是从现在开始，你要时不时抓住这些机会，假装它们突然变成了重要的场合，来进行练习。

2. 第二个练习是坚定和决心。在许多小事上面，我们常常成为优柔寡断的受害者。我们想出去吃饭，可是出门看到那么多饭店，却犯了选择恐惧症，在闹市中游荡半天之后回了家。因为太想做出最好的决定，我们反而做不出任何决定。或者说，我们做了一个决定，却感觉很不确定，稍微有些小问题就感到后悔。要毁掉一个本来颇有可能令人愉悦的晚上，没有比这更好的方式了。

告诉你自己：即使感觉不确定，也完全可以做决定。有不确定感很正常，这是一切决定的必然命运。但是，一旦做出了决定，就不要后悔。不坚定有可能会毁掉如果坚持下去本来可以很好的选择。即使对自己要做的决定没有把握，也可以做出决定，然后假装自己对这个决定很有信心一样采取行动。

3. 练习在合适的时候做决定同样也很重要。你可以找出几天时间，集中练习这个能力。在不合时宜的时候行动或发言，是不识时务的表现。如果讲的时机不对，最滑稽的玩笑也可能有灾难性的后果。如果时机不合适，最赤诚的好意也可能不被领情。时机决定了一切。

准备向伴侣求婚的人会精心地选择最好的时机。和他人沟通时，你也不妨这么做，选择最好的时机来告诉他们你想对他们说的话。

理性，我们的保护盾

受情感宰制、无法控制自己的行为时，我们不是真的在行动。成为行动的主人，也意味着能够摆脱强烈冲动的控制。但要做到这点，需要的不是坚毅的性格，而是要加强我们的思维能力。

当我们受情感宰制时

我们经常在强烈的情感宰制下冲动行事。遇到风暴时，惊慌的水手会从甲板上向大海里丢弃货物；被愤怒驱使的男人会让暴力占了上风；被嫉妒附身的女人也会让她最爱的人痛苦不堪……这种冷静之后让人感到后悔的举动，似乎数不胜数。恢复成正常的自己之后，我们反思着自己做的傻事，意识到它们有多荒唐，不明白自己当时怎么就被强烈的情感蒙蔽了双眼，意识不到自己在做什么。

此外，在这种情形中，我们往往不会觉得自己是主动采取行动的。我们感觉自己不受控制，既成了激情的受害者，也成了不自愿的刽子手。在法庭上，这种情况确实会被区别对待。激情犯罪所受的法律惩罚会比冷静时犯下的罪行更轻。比起有计划的犯罪，在愤怒时冲动犯下的罪行更容易得到宽恕。

人们都认为，不是出于强烈欲望、而是没有或只有微弱欲望就做了可耻的事的人更坏，不发怒而打人的人比发怒才打人的人更坏。因为，他如果带着强烈的感情，又会做出些什么呢？

——《尼各马可伦理学》，第七卷，1150a

不要被情感牵着鼻子走

但是，即使被情感支配，责任还是完全在我们身上。我们事后感到后悔，这正说明我们其实还是知道决定权最终还是在自己的手中，我们是有能力不那么做的。我们喜欢逃避责任，把自己想象成内心魔鬼的受害者，觉得自己被它牵着鼻子走，受它的折磨。我们辩解道："那不是我，那时我完全不受控制，你和我都是受害者！"这种自我开脱实属荒谬。虽然自认为是受害者，实际上却公开享受这个过程，至少这一点就很可疑。这是因为，当我们被外界支配时，通常会体验到自己是被迫的。比如说，如果有人用枪指着我们，"礼貌"地要求我们交出钱包，我们会乖乖就范，但不会有多么乐意。但当我们受到情感的诱惑，主动做出冲动行为时，我们又怎么会感受到强迫呢？相反，我们感受到的是快乐：复仇的快乐、捉弄人的快乐、施虐的快乐……这时的我们不是受害者，而是从犯。

如果有人说，快乐和高尚（高贵）的事物也是强制的（从外部强制着我们的），他就把一切行为就都说成是被迫的了。因为首先，我们每个人所做的一切都是为着这些事物的。其次，那些被迫的、违反意愿的行为伴随着痛苦，而那些旨在获得令人愉悦的事物的行为则伴随着快乐。而且，只谴责外在事物而不责怪我们太容易被它们俘虏，只把高尚（高贵）行为的原因归于自己，把卑贱行为的原因归于快乐，也是很荒唐的。

——《尼各马可伦理学》，第三卷，1110b

向诱惑屈服的人并不比抵抗诱惑的人受到的诱惑更多。想象两个烟民，他们都决定戒烟，并会遭遇相同的阻力。吃完饭之后，两个人都想点上一根烟。如果再加上有个大大咧咧的"老烟枪"朋友在他们面前肆无忌惮地吞云吐雾，两个人会一样按捺不住心中的欲望，受到一模一样的冲动折磨。但是，一个人坚持住了，另一个人放弃了，后者点燃自己的"最后一根烟",向自己保证这肯定是最后一根,结果却是一根接着一根。假如抵抗诱惑真的那么难,那么两个人都可能屈服。但是,一个人的成功,就让另一个人的借口显得更加牵强。没有什么冲动像所谓的宿命一样顽固。

亚里士多德指出,变态的人对于他的变态不负责任。支配他的冲动不是他自己选择的。全盘考虑之后,变态的人其实比坏人更好,因为坏人应受道德谴责,而变态的人只是生病了。即便如此,也没有任何东西强迫变态的人服从于他的冲动。哪怕他对自己的倾向不负责任,他还是要对听从自己倾向之后所做的行为负责。

有些人,如远方的蛮人,生来就没有推理能力,与世隔绝,靠感觉生活,这是兽性。有些人则是由于某些病,如癫病、疯,而丧失推理能力,这是病态。在这些不正常的品质上,一个人可能只是有倾向而并未屈从于它们。我是说,法拉里斯[1]也许是有吃一个小孩的欲望或某种愚蠢的恶欲,

---

[1]　法拉里斯,古希腊城邦阿格里真托的僭主,以行使权力时的残忍暴虐而知名。

但忍住了而没那么做。但一个人也可能不仅仅是具有，而且受其宰制。

——《尼各马可伦理学》，第七卷，1149a

由此可见，"具有"强烈情感和"受其宰制"是不同的。我们不可能永远压抑自己的情感，但我们可以不让情感决定自己的行为。

愤怒的特异功能

我们的目标是不受情感支配。那么，如何着手实现这个目标呢？一个常见的策略是鼓励自己培养更坚毅的性格："坚强点！挺住！"我们调动自己的情绪，向自己的软弱开炮，引发针对自己的怒火。这种做法其实挺聪明的，因为坚毅和愤怒是一对好伙伴。我们时常会说一个人的脾气"又臭又硬"，这说明臭脾气和硬脾气相伴相随。在所有能够支配我们的情感中，愤怒有着特殊的地位。

欲望、恐惧、渴望、喜悦、爱、恨、悲伤、嫉妒、怜悯等情绪，有一个共同点，它们都是对能引起快乐或痛苦的东西做出的情感反应。欲望受对快乐的追求的控制，恐惧由潜在的痛苦引发，喜悦来自拥有让人快乐的东西，爱是对让我们感到快乐的东西的依恋感受，嫉妒是让人不安的痛苦。总而言之，变幻莫测的情感世界受着快乐和痛苦的支配。

愤怒是唯一的例外。亲近之人的行为可能会让我们感到痛苦，但不一定会让我们对他感到愤怒。我们首先感到的是悲伤，但悲伤不足以引起愤怒。只有在被冒犯时，愤怒才会被激发，例如当他人做了对不起我们的事，或者我们觉得他人有意伤害我们时。当小孩子磕到桌子，叫嚷"坏桌子！"的时候，他便认为桌子有意伤害他。此外，冒犯我们的人、事、物可能让我们感到快乐，也可能让我们感到痛苦，但这并不重要。虽然拔牙肯定不是个快乐的过程，但我们不会对牙医发怒，除非突然感觉他是故意要拔我们的牙或者他不够认真。

还有些时候，我们会对自己生气。比如没能抵抗某些欲望的时候，我们觉得自己简直成了自己最坏的敌人，对自己的屈从令我们愤怒到想去撞墙。由此，我们便可以理解为什么亚里士多德认为愤怒"听从于逻各斯"，也就是理性，而欲望则听不到理性的声音。欲望是对快乐出于天性的追逐，即使这种快乐是变态的，我们也无能为力，因为欲望是不由自主的。愤怒则不一样，至少可以说，它遵循理性的意愿来躲避对我们来说有害的东西，而不是那些仅仅让我们感觉痛苦的东西。

　　怒气[1]在某种程度上似乎是听从逻各斯的，不过没有听对，就像急性子的仆人没有听完就急匆匆地跑出门，结果把事情做错了。它又像一只家犬，一听到敲门声就叫，也不看清来的是不是一个朋友。怒气也是这样。由于本性热烈而急躁，它总是还没有听清命令，就冲上去报复。当逻各斯与表象告诉我们受到了某种侮辱时，怒气就好像一边在推理说应当同侮辱者战斗，一边就爆发出来。与此对照，欲望则一听到(逻各斯以及)感觉说某某事物是令人愉悦的，就立即去享受。所以说怒气在某种意义上听从逻各斯，欲望则不是。所以屈服于欲望比屈从于怒气更耻辱。因为，在怒气上失控的人还在一定程度上受逻各斯的控制，在欲望上失控则不受逻各斯控制而受欲望宰制。

　　　　　　　　　　　　——《尼各马可伦理学》，第七卷，1149a–1149b）

1　　亚里士多德笔下的"怒气"指的是容易发怒的倾向。

与其受情感的宰制，不如培养愤怒的能力，来对抗欲望带来的冲动，反抗快乐和痛苦的支配。在陷入困境时，经常给予我们挣脱牢笼的力量的，不就是愤怒吗？容易头脑发热的人就像勇士阿喀琉斯——那个用咬牙切齿、握拳透掌之怒约束自己的战斗者一样，从怒火中获取克制情感的力量。

第三，怒气也被人们算作勇敢。一个人被一种怒气激发时，就像一头在冲向射伤它的猎手的野兽。这种人被认为是勇敢的。因为勇敢的人都具有一种怒气。怒气首先就是冲向危险的热情。

——《尼各马可伦理学》，第三卷，1116b

因此，愤怒是一种较小的恶[1]。当然，愤怒不是一种理想，而是一种激情，激情会让我们冲动行事。愤怒的确是理智的一名侍奉者，但它是一名不仔细思考就匆匆从事的侍奉者。怒火中烧时，我们就像是谁都想咬的疯子。

1　"恶"即德性的反面。——译者注

激情能让人"醉"，愤怒也一样，这两种"醉"都不值得推崇。

亚里士多德经常用"醉"这个字来描述情感支配下的人的心理状态。无论是谁，当他被情感冲昏头脑时，都会像喝醉了一样，不再完全受理性控制。一个人能否抵抗情感的主宰，就在于有没有保持清醒的能力。在《会饮篇》中，柏拉图就描绘了与友人彻夜饮酒后，在其他人已经烂醉如泥时，仍然精神饱满的苏格拉底[1]。一个人若在酒后仍能保持自制，这意味着这个人在任何场合都能够保持理性。而不自制的人，也就是沾点酒就难以自持、酒品极差的人，则是苏格拉底的反面。

这种不能自制者就像爱醉的人那样，只要一点点酒，甚至远远少于多数人的正常量的酒，就会醉倒。

——《尼各马可伦理学》，第七卷，1151a

识别不合理的合理化

当我们向冲动缴械投降时，我们的毅力没有动摇，因

1　苏格拉底是柏拉图的老师，柏拉图是亚里士多德的老师。——译者注

为毅力也靠冲动维持，动摇的其实是我们的理性。这听上去有些违背常识，但让我们投降的不是意志的薄弱，而是无知。即使我们知道某件事是不应该做的，但被情感主宰的那一刻，这个知识就好像突然蒸发了。虽然我们知道这个知识，但实际上像不知道一样。

因为在具有知识而未运用知识的情形中，我们还可以作出一种区分。因为，一个人在某种意义上可以说像一个睡着的人、一个疯子或醉汉那样地既有知识又没有知识。那些受感情宰制的人也是这样。怒气、欲望和某些其他感情可以使身体变形，甚至使人疯狂。所以我们必定会说，不能自制者如果有知识，也只是像睡着的人、疯子或醉汉那样地有知识。

——《尼各马可伦理学》，第七卷，1147a

例如，我们都知道喝酒有害健康。但是，只要还没有体验到饮酒带来的病痛，还没有尝到肝硬化早期症状的苦头，即使我们了解这个知识，实际上也不会把它放在心上。我们不会想到它，至少很少想到它。这种知识只能算得上是潜在的知识，只有当我们选择在乎它之后，它才能成为真正的知识。用亚里士多德的话说，它尚未"与我们的本性融为一体"。

因此，在情感的支配下，大脑很有可能违背它所知道的知识。向冲动投降时，我们并不否定自己了解的知识，例如我们并不否定"喝酒对健康有害"，但是我们的大脑被另一个想法挟持，例如"哎呀，喝点酒挺爽的"，因为后者占了上风，于是它的决定作用更强。

换句话说，当我们向诱惑投降时，我们不否定知识，而是把它抛到了脑后，为另一个想法让位。第二个想法的作用是为我们想要做的事提供借口："经过一番考虑，我觉得我要向这个快乐让步。"通过考虑，我们把想做的事合理化了。

这是个有趣的本末倒置现象：我们先下好结论，然后才思考。也就是说，我们不是为了知道自己应该做什么而思考，而是为了给我们想要做的事情找理由。理智的功能变成了为欲望提供支撑，就像是给欲望呈上的空头支票盖上了它颇具权威的"理性"之章。然后，欲望在我们眼中就变成了合理的，我们觉得终于可以向它们投降了。表面上看，我们还是理性的，因为在行动时，我们能够为行动提供理由，但实际上，因为我们犯了本末倒置的错误，所以我们距理性十万八千里。

那么，怎么做才能不让理智这么容易就动摇呢？这就需要始终保持活跃的思维，从而巩固思维的力量。具体来讲，这需要三种相辅相成的态度。

保持活跃的思维

保持活跃的思维的意思是，我们不能停止思考和问问题。但是，让思维永远处于活动的状态，这可能吗？其实，思考不需要活动或者激动，它不意味着身体的活动，也不需要身体的活动，因为它是在相对静止的状态下发生的，它可以比身体活动持续得更久。

其次，它最为连续。沉思比任何其他活动都更为持久。

——《尼各马可伦理学》，第十卷，1177a

觉得思考让人"头大"的人肯定不会同意这个说法。对他们来说，思考之所以艰难，是因为它提供了解决问题的机会。但问题就在于，他们不想去问这些问题，因为面对问题是一件痛苦的事，尤其是当他们不仅要面对这些问题，而且在一开始就是这些问题的始作俑者时。

这里，"老"错误又出现了：我们让思考的行动服务于外在的目的——解决问题。如果我们转变一下思维，把问题当作邀请我们思考的机会，便会明白亚里士多德话中的道理。当我们把思考本身视为目的，让它成为实现卓越的途径时，思考便可以成为永恒的行动。它不断在路上寻找滋养自身的素材——再小的事、再平凡的场合，乃至最让人讨厌的东西，都可以成为思考的对象。当然，让大脑被愚蠢无用的东西填满是最轻松的，我们完全可以偷懒并享受懒惰的生活。但是，生活给予了我们丰富的思考素材，这些素材的最大魅力在于引领我们不断思考，去拥抱这些素材绝对是更快乐的选择。

不要固执

和思考的态度完全相反的是固执己见的人顽固不化的态度。表面上看，这些人好像是因为坚持自己的观点所以如此固执。诚然，他们确实没有稍被情感动摇就放弃信念，他们并不懦弱。但是，这种坚持实际上却是不自制的表现：他们不容许自己的观点动摇，不是因为他们认为这个观点是理性的，否则他们应该知道如何捍卫这个观点。事实上，他们完全不在意这个观点，也不在意自己在思考时有没有做到精益求精。他们之所以如此固执地捍卫某些观点，听到观点被批评感觉自己受了冒犯，是因为对他们来说，这些观点承载了太多的个人情感。他们整个人都臣服于某种隐藏的激情，正是这种激情让他们无法忍受自己的观点受到任何冲击。

但是有一种坚持自己的意见的人，我们称其为固执的人。对这样一个人，既不容易说服他相信什么，也不容易说服他改变什么。这些特点与自制有几分相似，……但是固执与自制实际上在很多方面不同。首先，自制的人不动摇是要抵抗感情与欲望的影响，他有时其实是愿意听劝说的。固执的人不动摇则是在抵抗逻各斯，因为他们有欲望并常常受快乐的诱惑。其次，固执的人有固执己见的、无知的和粗俗的三种。固执己见的人所以固执是因为快乐与痛苦。因为，如果他未被说服，他就认为是胜利了，就感到高兴；如果他的意见被说服改变了——就像法令在公民大会上被改变那样，他就感到痛苦。所以，他们更像不能自制者，而不是像自制者。

——《尼各马可伦理学》，第七卷，1151b

带着思考行动

我们虽然应当鼓励自己去思考，但也不能单纯地让想法停留在脑子里。如果思考和行动割裂，那么它只能是纯粹理论层面的思考，无论我们称它为科学、学问或智慧还是其他名字，它都和生活拉开了距离。这个层面的思考可以很深很远，但因为它和生活不是直接相关的，所以无法改变我们的生活方式。在这种情况中，确实有行动，也有思考，但是没有带着思考行动。

我们批评冲动的人，不是因为他们没有思考的能力，而是因为他们行动的时候不经过大脑。他们行事匆匆，不给思考留一点时间。他们冲动行事不是因为愚蠢，而是因为情感让他们无法思考。在某种意义上，一旦情感已经现身，再做任何努力都是白费的。因此，我们唯一的机会就是在情感出现之前采取预防措施。思考必须先于情感，因为一旦情感爆发，它便会占领整个战场，让思考全军覆没。比如说，一旦我们发起怒来，沸腾的热血就难以平息。但是，怒火降临是有迹可循的，我们可以学习辨别这些迹象。为了实现带着思考行动的目标，第一步便是在行动之前思考。

有些人则正像已经抓过别人的痒自己就不再怕被抓痒那样[1]，由于能预见到事情的来临，并预先提高自己，即提升自己的逻各斯，而经受住感情的——不论是快乐的还是痛苦的——冲击。

——《尼各马可伦理学》，第七卷，1150b

随着习惯的养成，带着思考行动会变得越来越容易做到。慢慢地，思考不再先于行动，而是与行动合二为一，并开始指导行动。一开始，我们需要努力先思后行。慢慢地，我们的情感倾向会越来越弱，不再违抗理智，越来越听从理智的指挥。而这正是明智者最优秀的品质。

与亚里士多德一起行动

1. 下次你需要行动的时候，先暂停一下，等一等，然后再行动。其实，克制住冲动行为，或者防止祸从口出，需要做的就这么简单。我们都学过三思而后行

---

1 根据廖申白先生的译注，这是某种抓痒游戏中会发生的情况。——译者注

的道理，这可绝不仅仅是夸张的说法。不妨真的试试三思而后行，你一定会发现这么做的好处。

2. 想一想，在哪些场景中，你容易体验到十分强烈的冲动？下次遇到这样的场景时，不要低估了自己的力量。为了避免成为冲动的奴隶，请首先避免身陷这样的场景中，以躲避冲动的诱惑（这是第一个明智之举）。比如说，如果想要结束一段痛苦的恋情，首先要做到的就是不要再见面。

3. 每个运动员都会经常在脑海里练习他要完成的动作，因为这可以增加他在赛场上的敏锐度。请你也这么做。下次面临重要的谈判、面试，或者其他大事之前，提前开始做准备，时不时思考一下你应该怎么表现，并且牢牢记住它们，这样可以不让一时的情感打乱思路。重复可以让想法在脑子里生根，然后成为你永久的伴侣，即使你不再主动回想。

4. 回想一下你上次动怒的情景。你的怒火是情有可原的吗？有时，生气是合适的，也是完全合理的，这和恐惧、忧愁一样。当然，前提条件是这些情感要出现在合适的情境下，并且是以合理的原因出现。我们要做到适度，但这不意味着完全不允许自己哭泣或喊叫，在恰当的情境下，这是可以的。如果你有时会感到愤怒，也无需因此自责。

第四章

生命意义解读

中　　道　　之　　德

　　每个人都有追求卓越的欲望，这是整个亚里士多德道德哲学的基本观点。只有当这个欲望受挫时，当我们无法像理想中那样自我实现时，我们才会去寻欢逐乐。成功、出彩、做到最好、攀上顶峰，这些大概是每个人都会有的愿望。亚里士多德并不谴责这其中蕴含的骄傲心态，而是邀请我们全身心投入到对抱负的追求中，他甚至还向我们提供了实现抱负的方法。

　　也就是说，亚里士多德教授的理性不是乖乖地安于现状，满足于自己所拥有的。拒绝卓越，安于平庸，让潜力无法发挥，便是拒绝了我们自己，这会让我们感到绝望。亚里士多德从不呼吁谦卑。幸福在于德性，那么每个人都有权利追求德性。这是对每一个人的号召，哪怕最终的成功者并不多。

　　但是，令人费解的是，亚里士多德又提倡中道，认为卓越的理想必须适度。这不是自相矛盾吗？毕竟，适度或中道往往会给我们一种温和、适可而止的感觉。

　　如果亚里士多德笔下的适度指的是适可而止，那么我们有理由对亚里士多德感到失望。追求德性永无止境。没有谁会大方过头、勇敢过头、爱得过头。钢琴家会担心自己技艺过于高超吗？运动员会担心自己表现过于优秀吗？

有人会担心自己是一名过于优秀的母亲吗？无论我们做什么，都不应给自己设限。如果做到了好，还可以做到更好；如果已经做到了更好，还可以做到再好。德性的追求永无止境。

那么，亚里士多德反复强调适度，这背后显然有另一层原因。如果卓越的理想是一种适度的理想，那么适度的意思必然不是适可而止。它究竟是什么意思呢？

德性就像走钢丝

德性永无止境，不接受软弱的妥协。如果我们追求的是卓越，就不能满足于尚可的状态。没有谁会有德到过了度。虽然德性不存在中正之说，但德性本身可以视为一种位于不足和过度之间的中间状态。

不足还是过度？

有时，我们会被习惯的思维方式误导。我们一般认为优点与缺点是一对反义词，认为缺点就是某一种优点的缺失。确实，懦弱的确是勇敢的缺失，吝啬的确是大方的缺失，愚蠢的确是聪明的缺失。这样看来，恶是负面

的，德性是正面的。但是，这种简单的思维却让许多不符
合这种思维的恶成了"漏网之鱼"。这些恶不是不足，而
是过度。

虽然我们可能没有意识到，但许多缺点其实更像是美
德，只不过是过了度的美德。懦弱是一种缺点，但让人容
易意气用事的鲁莽也好不到哪里去；吝啬是一种缺点，但
大手大脚的挥霍同样半斤八两；愚蠢是一种缺点，但端起
架子说教的过度聪明连愚蠢还不如；努力过头常常让我们
显得可笑，和一点努力都不付出一样可笑。过度让矜持变
成过分腼腆，让信仰变成盲目崇拜，让人们对文字的热爱
变成矫揉造作，让友善变成谄媚奉承。

在人群中，在共同生活以及交谈和交易中，有些人是
谄媚的。他们凡事都赞同，从不反对什么。他们认为自己的
责任就是不使所碰到的人痛苦。

——《尼各马可伦理学》，第四卷，1126b

我们常常忘记，对德性的追求也可以产生恶。许多恶
的前身都是走向了歧途的高尚追求。如果说德性是不停行
动和进步的倾向，那么过度的德性则是这种倾向僵化的结

果。我们可以想象，假如一位艺术家成名之后就只会重复让他一举成名的作品，因为不断重复同一套作品，他的作品不再让人感兴趣。他的行为不再是行动，而是机械地做着他已经滚瓜烂熟的事情，就好像他再也没有追求卓越的欲求了。既然已经达到炉火纯青之境，为什么还要去完善呢？他做得太多，其实是因为他不愿意做得更多，表面上看似乎有些矛盾。其实，他对自己所做之事驾轻就熟，占住一亩三分地便满足于现状，开始安安分分地坐享其成。事实上，德性的反面——恶，常常是这副嘴脸。

中道是顶峰，但也因人而异

追求德性非常不容易，永远不可能一劳永逸，永远都不能掉以轻心，我们得像走钢丝的杂技演员一样，要时刻当心不能掉下来。今天的德性，明天可能就成了恶。我们要时刻当心陷入过度和不足两方面的危险之中。德性位于中间，它只有一种；恶既可以是过度，也可以是不足，它有很多种。适度是如此高标准严要求，谁还敢说它是一种温和的东西？每个德性都对应两种恶：一个是过度，一个是不足。我们不能向任意一边倾斜，这可不是一件轻松的事。

所以失败易而成功难：偏离目标很容易，射中目标则很困难。也是由于这一原因，过度与不及是恶的特点，而适度则是德性的特点：善是一，恶则是多。

——《尼各马可伦理学》，第二卷，1106b

更让人为难的是，每个人都有自己独特的倾向，我们的天平会向其中一侧倾斜。无所畏惧的人身上的勇敢很容易变成鲁莽，因为他的天平向一侧倾斜，他必须努力往另一侧倾斜，才能找到平衡。而怯懦的人要更鲁莽一些，才能做到勇敢。他的倾向让他稍微遇到一点危险就退缩，哪怕是面对虚张声势的威胁，也会感到铺天盖地的恐惧，无法正确评估形势，因而也就无法面对他本可以大胆面对的情境。所以，为了保持平衡，他必须努力向另一侧倾斜。他要向自己保证，一旦感到恐惧的侵袭，就咬牙强迫自己勇敢。恐惧夺走了他的鉴别力，所以他必须尽可能多地克服恐惧。这样坚持下来，他可以克服懦弱，勇敢迎接一切困难。所有知道自己不够勇敢并因此感到羞耻的人，都可以用过度的勇敢来治疗恐惧，因为恐惧会让他们失去鉴别力，难以决策。他们可以将负面感觉作为决策的依据，每当有想要逃避的感觉的时候，就告诉自己：别动，不要逃跑。因为他们习惯性地做得不够，所以他们要练习做得过度。

其次，我们要研究我们自身容易去沉溺于其中的那些事物（因为不同的人会沉溺于不同的事物）。借助我们所经验的快乐与痛苦，我们便可以弄清楚这些事物的性质。然后，我们必须把自己拉向相反的方向。因为只有远离错误，才能接近适度。这正如我们在矫正一根曲木时要过正一样。

——《尼各马可伦理学》，第二卷，1109b

恶与德性的标尺

对德性的追求会产生不同的结果和视角。因为人与人的立场不同，所以一些人眼中的缺陷就可能是另一些人眼中的优点，而许多人眼中的优点可能是另一些人眼中的缺陷。一个人无论多么愚蠢，都能找到在他看来比自己更愚蠢的人，并因此高估自己的聪明才智。没有标尺的时候，每个人都倾向于根据自己的喜好评价他人。

这是个众所周知的事实，但它也让我们不由自主地显得可笑。我们指责他人口无遮拦，对方却认为自己直言不讳；我们觉得别人卑鄙地背叛了我们，对方却为自己终于有勇气这么做而高兴；我们觉得自己的朋友非常幽默，我们的伴侣却可能觉得他/她低俗不堪；我们的伴侣可能觉得他/她自己的朋友品德高尚，我们却觉得他/她十分讨厌。如果生活是本书，我们书中的反面角色，比如变态的老板、撒谎的朋友、吵闹的邻居等，到了别人的书中可能就是好人。如果真的对自己坦诚相待，我们其实也清楚，在他们的书中我们或许也没那么清白，可能是偷懒的员工、苛责的朋友、多事的邻居等。

正如相等同较少相比是较多，同较多相比又是较少一样，适度同不及相比是过度，同过度相比又是不及。在感情上和实践上都是如此。例如，勇敢的人与怯懦的人相比显得鲁莽，同鲁莽的人相比又显得怯懦。……所以每种极端的人都努力把具有适度品质的人推向另一端。怯懦的人称勇敢者鲁莽；鲁莽的人又称勇敢者怯懦，余类推。

——《尼各马可伦理学》，第二卷，1108b

也就是说，我们缺少能够衡量德性与恶的标尺。而在这一点上，有德之人本身就可以作为中道的标杆。他不仅具有德性，也正因为他处在不足和过度的中点上，所以他

自身也可以用来衡量德性与恶。因此，如果想要正确衡量
过度和不足，我们可以用有德之人做参考。

所以德性是一种选择的品质，存在于相对于我们的适
度之中。这种适度是由逻各斯规定的，就是说，是像一个
明智的人会做的那样地确定的。

——《尼各马可伦理学》，第二卷，1107a

无论在什么领域，若要正确评估某种品质或能力，
我们必须自身也具有这种品质或能力。因此，我们相信
权威的专家，而不相信新手的判断。比起门外汉，自身有
能力的人理论上能够更好地进行评估，能够正确评判事
物的价值。对于德性来说也一样。本身便卓越的人是最
有资格成为标杆的人。也就是说，有德之人是我们的指
南针。

与亚里士多德一起反思

1. 身边的人有没有说过你做得不够？如果有，这

是因为你对自己做的事情不感兴趣。换句话说，你缺少动力。如果你必须要完成一件事，不要指望外界的奖励可以给你带来动力，哪怕奖励是真金白银。你必须自己先找到动力，并且是为了你自己。如果你做的事情让你完全提不起兴趣，而且你又可以逃避，那么强迫自己日复一日地做这么一件事可真是太苦了！想一想，你所要完成的任务中，是否有属于这种类型的？在这项任务中，确实没有任何允许你追求卓越，从而体验到快乐的机会吗？

2. 反过来，有没有人说过你做事时努力过了头？如果有，说明你犯了过度热情的恶。热情的初衷是把事情做好，但若是过了度，反而容易让人发挥不出自己真实的水平。备考的学生有时会因为目标设定得太高而失败。这很让人唏嘘，假如一开始把目标设定得低一点，他可以不费吹灰之力地取得想要的成绩。那么，你有过类似的经历吗？是不是有些时候，你还没有做到好，就想成为最好？适度，也包括清晰地了解自己的能力范围。当然，我们应当时刻追求做到更好，但也要保证自己的能力能够配得上自己的雄心壮志。

与亚里士多德一起行动

1. 你是否知道自己在什么时段工作最有效率？是早上，还是晚上？你是喜欢在内心平静的状态下工作，还是工作时需要一些昂扬的斗志？最重要的问题是，工作了多久你会感觉到注意力下降？也就是说，从什么时候开始，你的专注会适得其反？花一个星期的时间注意一下自己的工作节奏，看一看自己有多长时间花在了跟问题死磕上。跟问题死磕不仅会加重大脑的负担，还会让问题变得越来越困难。其实，在放松的状态下，这些问题可能稍做思考就可以轻松解决。知道什么时候需要停下来，也是需要一番努力的。

2. 接下来的几天，做严肃的事情时，试着采取自我嘲讽的态度。注意一下在你的言行举止中有没有夸张的地方，例如重复的语言、过于夸张的模仿、傲慢的姿态等。想象一下，如果有人要在一出讽刺喜剧中扮演你，你的角色会是什么样的？如果需要，还可以征求你最毒舌的朋友的帮助，就像国王向疯癫之人征求意见[1]

1　古代法国宫廷中有专为疯子设立的职位。——译者注

一样。学会自嘲，可以保持清醒和灵活性，有助于自我反省。其实，自嘲还可以防止自己真的变成一个笑话：那些从来不开玩笑的人，因为太过死板，反而容易落下笑柄。

追随儿时英雄的脚步

适度也是一种审美理想。卓越可以给我们带来一种感受，它既是一种想要去欣赏的感受，也是一种想要去模仿的感受。让小孩对壮举产生热忱的最好方法，正是用举动之美引发热情。

以"审美理想"之名

古希腊人用一个专门的词语——"kalos agathos"，来表示"美"与"好"的结合，它的字面意思就是美好。由此可见，道德热情无疑也是一种审美热情。

我们欣赏良好的行为和美好的情感时，用的总是审美的眼光。我们会说"爱情真美好""这个进球太漂亮了""这个热心人真美"，等等。我们体验审美带来的感受时，身份是观众；我们看到自己所爱之人成功因而感到快乐时，身份也是观众。因为他们和我们亲密无间，他们的成功就像是我们自己的成功。孩子表现出色时，家长自己也会觉得光荣。但是，因为他们不是我们，作为观众的我们更容易欣赏成功之美。也就是说，在为自己的德性感到的快乐之上 (“那是我的儿子！”)，还要加上目睹他人的卓越带来的感受 (“太厉害了！”)。

如果幸福在于生活或实现活动，并且一个好人的实现活动如开始就说过的自身就是善的和令人愉悦的；如果一物之属于我们自身是令人愉悦的；如果我们更能够沉思邻人而不是我们自身，更能沉思邻人的而不是我们自身的实践，因而好人以沉思他的好人朋友的实践为愉悦 (因为这种实践具有这两种愉悦性)。

——《尼各马可伦理学》，第九卷，1169b

我们也可以学习用观众的身份看待自己。亚里士多德经常强调，有德之人行动的名义是一种审美理想。勇敢的人主动迎接危险，是因为壮举有英勇之美。大方之人不图回报地付出，是因为他认为付出更美。大度之人不斤斤计较，是因为他觉得锱铢必较是丑陋的行为。美的感受引导着对卓越的欲求。对德性的欲望，也是把自己的生活变成一件艺术品的欲望，艺术品是永久的。

有德之人的独特之美

德性之所以美，是因为它代表了一种中道。最能打动我们的艺术作品，是让我们感觉最"自然"的作品。这些作品给人一种浑然天成的感觉，让人感觉不到作者的加工或介入。加上点什么，马上让人感觉画蛇添足。去掉点什么，人工雕琢的痕迹一下子变得明显。完美的适度，是不多也不少。

所以对于一件好作品的一种普遍评论说，增一分则太长，减一分则太短。这意思是，过度与不及都破坏完美，唯有适度才保存完美。

——《尼各马可伦理学》，第二卷，1106b

反过来说，让我们反感的艺术作品，正是那些无法唤起这种自然感觉的作品。或许创作者的笔触太过明显，或许作品给我们的感觉不太对劲，或许作品中有些东西不太和谐：抽象画作中打破了构图平衡的一道色彩，演出里突然把我们从沉醉体验拉回到现实的走调旋律，电影院里从屏幕前走过的音响师的影子，等等。它们总是"太"怎么样，要么是太多（太粗俗、太夸张、太暴力、太自满、太老套等），要么是太少（不够微妙、不够高雅、不够轻松、不够有逻辑等）。由此可见，审美的完美状态是"不多也不少"的适度。

德性之所以为美，是因为它完美体现了这种理想。正是因为德性是适度的最佳体现，所以有德之人才能因美而出众。

追随超级英雄的脚步

重要的是，我们会自然而然地认为，德性即遵守规范，这些规范规定了我们应当怎么做。也就是说，德性即遵守他人或自己设定的规矩。这么做有时会让我们感到快乐，比如向需要救济的人伸出援手时；有时会让我们感到为难，比如需要跳入水中救溺水之人时。我们是否从中感受到快乐并不重要。总而言之，根据我们的传统观点，德性主要就是履行义务。

这种理解和我们每个人小时候都有过的体验有关。家长会教孩子一系列规矩，来帮助孩子在未来融入社会。表面上看，这就是道德进入我们生活的方式，也就是以法则的形式。但这只是表面，因为与其说它们是法则，不如说是禁令。它们没有教授孩子应当追求什么，而是告诉孩子，不应当追求什么（"不要这么做、不要那么做"）。它们给孩子设定了约束和只具有社会功能的态度（孝敬父母、不可奸淫、帮助你的兄弟等）。这种法则可以保证社会稳定，防止它被个人的自私倾向破坏。它的目的是保护他人不受我们可能会向他们施加的侵害。总而言之，这种法则代表的是我们和他人相处时的礼节。

但是，礼节不是道德。此外，小孩子也不是通过这种方法习得道德的。那么，道德是怎么习得的呢？它是通过模仿的意愿习得的。

从童年时代起，人就具有摹仿的禀赋。人是最富有摹仿能力的动物，并通过摹仿获得了最初的知识，正是在这一点上，人与其他动物区别开来。[1]

——《诗学》，1148b

于是，小男孩孜孜不倦地扮演他崇拜的英雄：佐罗、

---

1 中文参照两个译本：亚里士多德著《诗学》，陈中梅译注，商务印书馆，1996；《亚里士多德全集》（第九卷），苗力田主编，中国人民大学出版社，2016。根据法语译本微调。

超人、达达尼昂[1]……当然，他的爸爸也是他膜拜的英雄，他想学习爸爸的风范，想变得和爸爸一样，做爸爸做的事情，因为他觉得爸爸太帅气（美）了。因此，他学习道德，是通过和另一个人的关系，而不是通过任何法则。他并不是在服从，而是在努力模仿。当他问自己应该如何做的时候，他不会去参考法则，而是会问："如果他是我，他会怎么做？"

因此，道德并非源于某种我们必须遵守的法则，而是来自我们想要模仿的英雄。没有"应当"，也没有"服从"。把谦虚抛到一边吧！德性是野心，是和我们眼中的卓越与美的模范比肩的野心。德性是快乐的，它充满了热情和征服精神。我们在看电影或读小说时，感受到的正是这种热情，因为我们会不由自主地把自己代入角色中。

亚里士多德眼中的明智者，这种完美的模范，完全不是深居简出的那种智者，而是很像我们儿时的英雄。英雄没有给我们立规矩，英雄本身就是我们的规矩："如果他是我，他会怎么做？"愿我们永远保有这种崇拜英雄的能力，因为有了它，我们会继续向榜样看齐。

1　法国作家大仲马的作品《三个火枪手》的主角。——译者注

与亚里士多德一起反思

1. 当别人向你讲述一件好事，或推荐一部佳作时，你的第一反应是什么？你会感觉不屑，不想继续听下去（"这有什么呀，这我也会！"），还是会发自内心地欣赏？伟大的艺术作品会让你有所抵触（"这不就是随笔乱画吗？""这音乐简直不堪入耳！"），还是会提醒你保持谦恭，吸引你去理解？总之，你是习惯用自己做参考来评价外界，还是用比你更优秀的事物做参考评价自己？

谦逊，即意识到别人比自己优秀，并不会削弱我们的价值，哪怕那个更优秀的人实际上名不副实。理解和仿效榜样的意愿只会让我们更加高尚。

2. 仔细找一找，你应该能从生活中找到愿意效仿的榜样。有些人完美诠释着我们向往的成功：无往不利的冠军，从自家车库起家的成功企业家，自成一派的当红艺术家，战场上宁死不屈的豪杰……而曾经占据了房间墙壁的儿时榜样，也许已经被我们遗忘。

是谁取代了他们？你能想起他们的名字或者面孔吗？

3. 面对这些榜样，你的态度是什么？他们是会提醒你你与他们之间的差距，让你觉得自己一无是处，还是会激发你的斗志？在第一种情况中，你希望成为自己的榜样，但是做不到，你能做到的最好姿态也只是拙劣地模仿他们。你只能是三流作家，业余的毕加索，"难产"的莫扎特……于是，榜样的优越让你难受。在第二种情况中，你学习榜样去行动，于是榜样的优秀可以鼓舞你。不要问自己："如果我是他，我应该怎么做？"而是问自己："如果他是我，他会怎么做？"

与亚里士多德一起行动

下次面对困难的决定时，试着加上一个参考标准——审美标准。比如说，有时我们很难决定，为了保护朋友，是应该告诉他痛苦的真相，还是应该向他撒谎。从道德层面看，这是个困难的决定，因为朋友可能会因为谎言对我们产生怨恨。如果难以判断哪个决定在道德上是正确的，可以试着想象一下，哪个决定在审美层面是正义的。在一些情况下，选择让他人蒙在鼓里，看着他们因为不了解真相而闹出笑话，是一种丑陋的行为。在另一些情况下，独自承担保守秘密的痛苦更有壮举之美。这个需要对症下药。

人是理性的动物

最后，适度的理想首先是一种理性的理想。理性来自拉丁语"ratio"[1]，它的意思包括度量、关系、比例等，由此便可以看出理性和适度关系之密切。

理性是人特有的标志

亚里士多德有句名言："人是理性的动物。"[2]。这句话的意思不是说人有两方面本性，一方面是动物的，另一方面是理性的。然而，这种把人的本性一分为二的错误理解却流传甚广。我们往往不假思索地接受这种理解，这不是没有原因的。多少次，我们在原始本能的驱动下，让压抑不住的兽性支配了自己的行为？在过剩的暴力和野性的冲动面前，我们的理性确实会显得薄弱。没有什么比头脑发热更容易的事了。做人，好像永远难以做到。仿佛人性不是能够抵达的终点，而是永无止境的路途。我们的兽性是如此根深蒂固，这是不是说明我们永远无法真正成为人？

---

[1]　表达"理智"或"理性"的法语单词（raison或rationalité）和英文单词（reason或rationality）都源自拉丁语"ratio"。——译者注

[2]　指使用理性来思考，创造概念，在理性的支配下行事。

不细想的话，这种对人的本性的理解似乎没有什么错。但是，如果我们仔细想一想，便会发现它是对人的误解。这是因为，理性不是我们的动物本性上的"添加物"，而是定义了人类本性的东西。如果说我们经常表现得不理智，这种不理智指的是没有正确运用理性。理性，或者说运用理性的能力，是每个人都必然拥有、不可能摆脱的能力。理性是人类特有的标志，是让人类独一无二的东西。我们不可能放弃理性，就像我们不可能放弃语言能力一样。无论我们怎么尝试，都不可能摆脱我们身上的理性。无论我们是否愿意，我们都会理性地行事。理性不是选择，而是我们的天性。

形成概念的能力

我们有时会表现出兽性，这不是因为我们身上残留着无法根除的动物性。根据亚里士多德的观察，不存在任何天性放纵的动物。动物只欲求它所需要的，从来不会欲求更多。匮乏被填满之后，欲望也随之消失。动物不会想着怎么让快乐延续，它们没有形成概念的能力。概念是"抽象化"心理过程的结果，这一过程会清除心理表征[1]中的

1　心理表征，指外界事物在脑海里的再现。——译者注

一切感觉印象。这很好理解：概念或理念，是图像的反面。

例如，当你看到一个几何图形时，你看到了三条边和三个角。如果有人让你想象一个三角形，你在脑海中构建的也是这个东西。但是，通过这个有特定形状的图像——它也为你的想法提供了感觉基础——你的脑海中同时出现了一个更普遍的、没有特定形状的东西，也就是一个"普遍"意义上的三角形。它不是一个特殊的三角形，而是三角形的概念：有三条边和三个角的平面图形。

心灵思考抽象对象，就像我们想到"塌鼻的"或"扁的"鼻子一样：离开了肌肉就无法想象"塌鼻的"，但我们在现实中能够想象"扁的"，即使脱离"扁的"鼻子所赖以存在的肌肉，我们也能想象"扁的"。所以，当心灵思考数学对象时，它把它们设想为与物质分离的，尽管它们并不能脱离物质存在。[1]

——《论灵魂》，第三卷，7

---

1 中文参考两个译本：亚里士多德著《论灵魂：英汉对照》，王月、孙麒译，外语教学与研究出版社，2012；《亚里士多德全集（第三卷）》，苗力田主编，中国人民大学出版社，2016。根据法语译本微调。

然而，正是因为动物不具有形成概念的理性能力，所以它们无法为了快乐本身去追求快乐。如果没有快乐的概念，很难想象怎么能去追求快乐。因为，如果缺乏快乐的概念，就不可能去追求快乐本身，只能去追求有着某个具体外观的能带来快乐的东西。而对于人类来说，能带来快乐的东西却可以成为追求快乐本身的手段。除了追求能带来快乐的东西的图像，人类还具有追求名为"快乐"的概念的能力。这个概念不和任何具体的对象绑定在一起。

由于这个缘故，我们不说野兽不能自制。因为，它没有普遍判断，只有对具体事物的表象和记忆。

———《尼各马可伦理学》，第七卷，1147b

形形色色的欲望

形成概念的能力也可以解释为什么人与人之间有那么多不同的欲望。青蛙伸出舌头捕捉恰巧从它面前飞过的蚊子，这不是因为它和蚊子有仇，只是因为蚊子——这个飞行的黑色小东西，正好符合青蛙对食物的心理表征。它的猎物不幸就不幸在长了一副青蛙的"标准食谱"的样子。但是，因为这种心理表征是一幅图像范式，青蛙的食谱也比较单一，无论哪只青蛙都无法超越范式的内容所规定的界限。比如说，它不太可能心血来潮，去捕食脚下的睡莲。

但是，因为我们的食谱对应的不是图像，而是概念，所以一切都不一样了。比如说，如果你想吃蔬菜，那么蔬菜这个范畴的任何成员都可以满足你的欲望，而不仅仅是外表相似的东西。比如说，胡萝卜、菜花和豆角就长得毫无相似之处。但纯粹从概念的角度来看，它们都是蔬菜。所以说，不同的人，实现吃蔬菜这种欲望的具体形式也会有所不同。

马、狗、人，都有自己的快乐。赫拉克利特[1]说，驴宁要草料而不要黄金，因为草料比黄金更让它快乐。所以，不同种的动物有不同的快乐。反过来也可以说，同种动物有同种的快乐。不过在人类中间，快乐的差别却相当大。

——《尼各马可伦理学》，第十卷，1176a

永不停歇的推理

理性对我们的支配不止于此。我们不仅可以形成概念，还可以运用、组合它们，这便是推理能力。推理是人类

1　赫拉克利特（前544—前483），古希腊哲学家。

特有的标志。和理性一样，推理也不是我们能够选择的东西。推理可能合理或不合理，正确或不正确，这取决于我们自己，但我们永远没有选择忘记推理能力的自由。

我们在前文提到过[1]，就连最冲动的欲望，我们也会为它们找到理性层面的解释，为欲望的满足提供理由。实施暴力行为的人，无论盲目到什么程度，都需要找个理由来正当化他的暴力行为。而动物听从它们的本能时，则完全不需要找理由。啃食羚羊的狮子不会说，自己在服从自然界的伟大法则。它只是单纯地遵循它的本性而已。但是，人类若要满足自己嗜血的欲望，首先会摇身一变成为"理论家"。捕食者不需要先指责猎物，再心安理得地捕食。但若有人想对他人做坏事，总要先去寻找他人的过错。我们要是打一个人，可能是因为对方没安好心，或者是因为对方是必须消除的祸害。

别忘了，我们的生活是一个有逻辑的连续统一体，其中，手段为了目的服务，而目的总是按照优先级具有等级秩序。[2]我们追求至善，并围绕这个追求安排我们的整个人生，这便是理性支配我们的最佳例证。我们从来不愿随波逐流，

---

1 参阅第三章"理性，我们的保护盾"一节。

2 参阅第一章"追求幸福的悲剧"一节。

而是像指挥建筑工地的工作一样创造我们的生命。就连我们选择随波逐流时，这一看似被动的选择也是我们主动做出的。如果说幸福是一座灯塔，它不仅需要我们建造，也需要我们去设计。由此可见，人类确实是当之无愧的理性动物。

走向"正确的"思考

因为我们的行为注定受理性支配，就连我们的激情都要寻求理性的声援，德性自然也难逃理性倾向的支配。我们无法具体说出每个人的德性是由什么决定的，但是，人之所以为人，正是因为我们是理性的动物。也就是说，至少有一种卓越是与所有人相关的：尽可能理性地行动，也就是使用最正确的方式运用理性。

亚里士多德用"正确"或"恰当"来形容理想的理性。那么，我们要如何思考才是正确的呢？实践领域的正确和理论领域的正确是一致的。一种态度越是理性，或者说越符合逻各斯，它就越是正确[1]。理性，即懂得在正确的时机做出正确的观察，正确地评估和衡量当下的情境。

---

[1] "正确的理性"古希腊语原文是"ορθός λόγος"（orthos logos），英文可译为"right reason"。其中"orthos"指"正确的"，"logos"既可译为理性，也可译为逻各斯（详见"理性，我们的保护盾"一节的注释）。因此，"orthos logos"在后面的引文中被译为"合乎逻各斯的"或"由正确的逻各斯规定"，其实它们都是一个意思。——译者注

我们谈到过的那些品质以及其他的品质，都有一个仿佛是可以瞄准的目标，具有逻各斯的人仿佛可以或张或弛地用弓来瞄准它；也有一个合乎逻各斯的标准，确定着我们认为是处于过度与不及之间的适度。

——《尼各马可伦理学》，第六卷，1138b

明智者，完美的模范

在亚里士多德眼中，理性这一理想的化身是明智者，亦即具有实践理性的人。中道总是体现正确的理性。我们的德性也应符合正确的理性，这便是亚里士多德笔下"明智"或"实践理性"的含义[1]。"明智"或"实践理性"的古希腊语原文是"phrônesis"，这个词很难在现代语言中找到恰如其分的表达，为了准确传达它的含义，人们赋予它很多种不同的译法。"明智者"亦即"具有实践理性的人"(phrônimos)，在法语中常常被翻译为"谨慎的人"[2]，这给人一种小心翼翼、畏首畏尾的印象。这是一种不利于

---

[1] "明智""实践理性"和"实践智慧"是古希腊语"φρόνησις"（phrônesis）的不同译法。相应地，"明智者""具有实践智慧的人"和"具有实践理性的人"是"φρόνιμος"（phrônimos）的不同译法。——译者注

[2] "phrônimos"的法语翻译为"homme prudent"，即英语的"prudent man"，可理解为"谨慎的人"。——译者注

理解的翻译。或许我们还可以把它翻译成"聪慧者""贤人"或"理智者",但这些词也不完全准确。可惜的是,这些描述都无法完全表达出"phrônesis"作为一种理想的魅力所在。

即使在现在,人们在定义一种德性,说明它是什么、相关于什么之后,也还要加上一句,说它是由正确的逻各斯规定的。而正确的逻各斯也就是按照明智而说出来的逻各斯。所以,每个人都似乎以某种方式说出了这个道理:德性是一种合乎明智的品质。

——《尼各马可伦理学》,第六卷,1144b

对于具有实践理性的人,思考不是一种单纯的活动,而是一种存在方式。他不是既在生活,又在推理,而是根据推理来生活。具有实践理性的人无法遗忘思考,因为他的情感倾向在不间断地巩固着思考、支撑着思考。

明智不仅仅是一个合乎逻各斯的品质。这可以由下面这个事实得证:纯粹的合乎逻各斯的品质会被遗忘,明智则不会。

——《尼各马可伦理学》,第七卷,1140b

实践理性不容易被遗忘，因为它是一种嫁接在情感倾向上的理性状态。想要抵抗情感的侵袭，还有什么比在一次次练习中塑造起来的另一个情感倾向更有力呢？而这就是实践理性，它不仅仅是不自制的解药。亚里士多德认为实践理性是一切德性的总和。具有实践理性的、有理智的、具有理想品德的人——这正是理想的人的标准形象。

具有实践理性的人不能和知识分子画等号，也不等同于得道高僧。他是一名行动者，是像你和我一样，在日常情境中不断明确立场、做决定的人。他面对着充满不确定性的凡尘俗事，时刻抵抗着让他失去控制的诱惑，这便是他的高尚之处。他是广义上的卓越的最佳代表，因为他最完美地实践着人类作为理性动物的天职。

与亚里士多德一起反思

1. 你最容易和哪类人发生争吵，是和你在观点上针锋相对的人，还是和你在同一阵营的人？两名作家可能共同怀揣着对文学的爱，却结下不共戴天之仇；两名同一战线的政治家可能相互憎恨，甚至超过憎恨他们的对手。这是为什么呢？你和其他阵营的人各不相谋，无需竞争。但是，如果你坚持某种文学观，这就是在直接挑战有着其他文学观的人。

"文学"这一概念本身是固定不变的，但你们赋予它的内容却大不相同。概念不属于任何特殊的感官表征，它具有不确定性。所以，同一个概念可以被拿来支持不同的观点。许多冲突正是由此引发的，因为各方都在指责对方背叛了同一项事业。

2. 你会不会有时因为总要解释自己的行为而感到疲惫？也许你希望能够简单地说，你做事就是因为单纯想做，就是因为天性使然，背后没有任何思考。比如说，你就是想在海边裸体晒太阳，这需要理由吗？但是，在这种自发的行动欲背后，难道就没有任何思考吗？仔细想一想。如果说你能豪爽地躺在沙滩上，毫不在意路人的目光，难道不是说明，你认为羞耻心已经过时了吗？难道这不是表明，你认为裸露身体是回归纯真的自然本性，是在远离文明华而不实的谎言？总之，这一行动远不是自发的，它背后有关于道德、自然和文明等一系列思考。摆脱自己身上的"哲学家"可不是那么容易的，哪怕你正在海滩上裸着身体晒太阳。

生平

介绍

当我们想象亚里士多德时，大概不会想到他孩提时期吵闹的模样，我们脑海中只可能浮现出一位一丝不苟的老者，他是所有知识分子的代表，充满岁月的智慧。像亚里士多德一样的伟大思想家的光辉让他们在后世的想象中享有这种特权：他们从不需长大，也永远不会衰老，远离一切日常生活的鸡毛蒜皮，远离尘世喧嚣。我们忘记他们也曾生活过，只记得他们专注于思考。此外，他们的思考从未停歇，也永远不会停歇，而是通过他们的追随者延续下去。

这种身后命运，亚里士多德本人或许不会反对。他理想中的生活，大概就是全身心奉献给思考的生活，只可惜他追求知识的理想总被时代的变动打乱。也正因如此，亚里士多德认为思辨的生活是神圣的，不仅因为它值得追求，也因为它实属难求。

历史有时也是充满讽刺的。史上最卓越的行动理论，竟然出自一个总想逃避行动的人的笔下：既然逃避不了行动，至少可以把行动理论化。对于有着亚里士多德这样性情的人来说，不得不行动的命运肯定是非常令人头痛的，因此才有必要把行动问题化，对行动进行严格、系统化的阐释。

公元前384年，亚里士多德在马其顿的斯塔吉拉 (Stagira) 出生，年幼时便失去了双亲。他的父亲尼各马可 (Nicomachus) 是一名医生，也是马其顿国王阿明塔斯二世 (Amyntas II) 的好友。尼各马可不仅医术高明，还注重理论。他撰写了约六卷医学著作和一本物理学著作。要说激起孩子对知识的无尽渴望，这样的家庭氛围应该再完美不过了。亚里士多德或许很早就有了学术志向，他十七岁便前往雅典，在柏拉图的学园接受教育，这一停留就是二十年，直至他的老师柏拉图去世。在学园里，亚里士多德很早就表现出了他的与众不同。

这师徒二人之间的对立可谓史上最浩大的智慧对决。柏拉图是理念论的创始者，他出身于雅典的大户人家，注定要参与政治生涯，也积极拥抱自己的政治命运。他是一位极具魅力的人物，十分擅长宣传自己的观点，不仅口才出众，语言还极富感染力。而来自斯塔吉拉的亚里士多德则因为"外国人"的身份无法参与雅典城邦的政治生活。有关亚里士多德的性格，我们所知甚少，或许这也从侧面反映了他的矜持。学园的成员给他起了"读书人"的绰号，这是因为他不喜欢奴隶念书给他听，更愿意自己读。在柏拉图后来为学园组建的教师团队中，亚里士多德负责讲授逻辑学和修辞学。要说亚里士多德是一名大学问者、大思想家，绝对实至名归，不过，他充其量只能算作一位蹩脚的政客。柏拉图去世后，他两次在继承者的选拔中败下阵来，第一次是公元前346年败给了柏拉图的外甥斯飙西波 (Speusippe)，第二次是公元前339年败给了他的挚友色诺克拉底 (Xenocrates)。

但是，亚里士多德很早就以他出类拔萃的才智在学园中大放异彩。只要拜读他的著作，便可以猜想这种过人的才智给他的朋辈留下了什么样的印象。面对问题，亚里士多德不思考到底决不会罢休。他会从每个角度审视问题，考虑所有可能性，不忽略任何细枝末节，有时他的思考也会因此显得冗赘，或是显得拘泥于可有可无的细节。然而，一旦工作起来，亚里士多德就很难抗拒这种税务稽查官一样的精神。最宏大的理论也可能败在细节的错误上，它们可能有没被考虑到的地方或不够严谨的地方。但亚里士多德是一名会计大师：他清点账目、分类、划分等级，不允许任何未经细致审核的账目逃过他的眼睛。

不幸的是，雅典和马其顿之间日益激化的政治矛盾打断了亚里士多德的沉思生活。他整个后半生都在漂泊，在打断他的工作的时代风波中不断重整行囊。柏拉图去世后，亚里士多德感受到雅典人对他的敌意，于是带着两名学友，色诺克拉底和泰奥弗拉斯托斯 (Theophrastus)，前往小亚细亚海滨的安塔内斯 (Atarneus) 投奔童年时期的朋友——已经成为米西亚 (Mysia) 僭主的赫尔米亚 (Hermias)。然而，因为不为人知的原因，两个人之间的关系迅速恶化，于是赫尔米亚将这几位哲学家安排到王国另一端的港口小城阿索斯 (Assos)。

亚里士多德在阿索斯度过了三年时光，直到赫尔米亚被波斯人俘获并折磨致死。亚里士多德不得不再次上路。这次，他来到了泰奥弗拉斯托斯的故乡——与阿索斯隔海相望的莱斯沃斯岛 (Lesbos) 首都米蒂利尼 (Mytilene)。在这里度过的两年时光里，亚里士多德饶有兴致地投身于生物学观察和海洋动物研究，直到命运之神再次降临。

这次，亚里士多德被马其顿国王腓力二世 (Philip II) 召回故土，任命为年轻王子的家庭教师。这位时年十三岁的王子，就是将来会一统天下的亚历山大大帝。关于亚里士多德担任亚历山大教师的这些年，以及后来亚历山大大帝和恩师的关系，有许多故事和传言，这也不是什么让人吃惊的事情。因为此般巧合实属史上少有：史上最伟大的征服者，恰好是史上影响最深的哲学家的学生。中世纪学者直接用"哲学家"称呼亚里士多德。一个人能独冠这等称号，正是因为没有其他人能望其项背。

亚历山大大帝征服希腊后，亚里士多德终于跟随马其顿的军队重归雅典。此时，他已经四十九岁了。他的朋友安提帕特 (Antipater) 被任命为希腊的摄政者。时局太平了，我们的哲学家终于可以继续专注于他的哲学事业了，这一晃就是十二年。在此期间，亚里士多德在吕克昂的阿波罗神庙旁租了一片土地，创建了自己的学院——吕克昂学园。在亚里士多德的领导下，吕克昂学园成为汇集、编纂、保存和清点所有领域的知识的地方。

亚历山大大帝卒于公元前323年。在此之后，亚里士多德不得不面对德摩斯梯尼（Demosthenes）一党反马其顿的敌意。因为曾经为僭主赫尔米亚写过颂诗——这种体裁的作品只能献给神，他被指控犯了大不敬罪。明智的亚里士多德决定携带妻儿再次踏上逃亡之路。他逃亡到母亲的故乡——优卑亚岛（Euboea）的哈尔基斯（Chalcis）。听闻他的朋友安提帕特成功镇压雅典的反抗后没多久，亚里士多德便与世长辞，享年六十二岁。

吕克昂学园没有随着亚里士多德的故去而停歇，亚里士多德传授的知识也被记录下来，流传下去，并翻译成多种语言。这些作品的不凡经历本身就可以写成一本值得一听的故事书。例如，基督教统治的西方世界在中世纪后半叶重新发现亚里士多德的思辨写作，其实是伟大的阿拉伯哲学家穿针引线的缘故。通过这种出其不意的历史，亚里士多德成为多个文明共享的财富，他的荣耀至今不灭。

阅读

指南

亚里士多德的作品（实践哲学）

我们今天所了解的亚里士多德的作品，在很大程度上是拼接而成的。今天许多集结成册的书，实际上是来自不同年代的许多片段式的作品。一段完整的讨论后面接着的可能是几页草稿纸，用于发表的作品则和口述教学的记录穿插成书。此外，许多文本已经失传，在这基础之上还有编辑引用时的修改、删减以及偶有的添加。自十九世纪末起，一项严肃的编纂工作开始了，学者通过使用各种文献学手段，梳理亚里士多德作品的脉络，重现它原本的面貌。

《尼各马可伦理学》，R.博德乌斯 (R. Bodéüs) 译，弗拉马利翁出版社，2004。

整个道德哲学领域的登峰造极之作。全书分为十卷，分别讨论不同的主题，阅读起来可能不太容易。

《优台谟伦理学》，V.德卡里 (V. Décarie) 译，富杭出版社，2007。

这本书在主题和结构上都和《尼各马可伦理

学》十分相近，但比较易懂。想要了解亚里士多德的道德思想，又不想遇到太多理解上的困难，这本作品是最好的起点。请不要对这本书的文笔抱太多期待，这是亚里士多德一贯的风格。我们这位作者更注重技术层面，偏爱简洁的文字。也就是说，这本书读起来可能有时会让人感到无聊，因为它的目的不是讨读者喜欢，而是理解和被理解。

《劝勉篇》，J.福隆 (J. Follon) 译，一千零一夜出版社，2000。

这部短小精悍的文本可能作于柏拉图时代，主旨是展现哲学对于生活的作用，从而邀请读者进入哲学世界。这本书更加注重写作风格，读起来让人十分愉悦。

《修辞学》，C.-E.译，P.范海默里克 (P. Vanhemelryck) 重新编辑，口袋书出版社，1991。

这本书讲的是说服听众的方法，是一部经典之作，在当今的社会也十分有用！本书共分为三个部分：第一，说服人的能力在哪些领域中十分重要；

第二，如何针对观众的情感倾向让自己显得最有利的心理学思考；第三，关于演说的一般性问题。

《论灵魂》，E. 巴博坦 (E. Barbotin) 译，伽利玛出版社，1989。

这是一本技术性很强且结构严谨的书，它主要探讨了生物和人的主要功能，包括对感觉和思考的分析，令人赞不绝口。

《诗学》，M. 马尼安 (M. Magnien) 译，口袋书出版社，1990。

这本书讨论的是悲剧这一体裁。它应该还有第二部分，用来探讨喜剧，但这部分失传。在意大利知名学者翁贝托·埃科 (Umberto Eco) 的长篇小说《玫瑰的名字》中，它成为一个引人入胜的情节的主题。尽管古典戏剧这种文学体裁早已不复存在，但亚里士多德的美学思想仍然具有现实意义。

《政治学》，J. 特里科 (J. Tricot) 译，富杭出版社，1962。

在亚里士多德的作品中，有许多是探讨政治问题的。这名在雅典无法参政的外国人，却是理想雅典城邦最好的理论家和捍卫者。当代许多哲学家仍然以亚里士多德继承者自居，汉娜·阿伦特 (Hannah Arendt) 便是典型的代表。

解读和辅助读物

米歇尔·克鲁贝利尔 (Michel Crubellier)，皮埃尔·佩莱格林 (Pierre Pellegrin)，《亚里士多德：其人、其学》(Aristote, le philosophe et les savoirs)，瑟伊出版社，2002。

这本书是对亚里士多德整体思想的绝佳介绍，它的价值在于概括性地呈现了亚里士多德广阔的思想疆域，并引用大量的长篇幅的引文印证作者的分析，方便对照阅读。

皮埃尔·奥本克 (Pierre Aubenque)，《亚里士多德的实践智慧》(La Prudence chez Aristote)，法兰西大学出版社，2002。

作者是研究亚里士多德的顶尖专家，对亚里士多德思想的解读有突出贡献。任何想要深入理解亚里士多德道德哲学的人，都不应错过这本经典之作。

阿拉斯戴尔·麦金太尔 (Alasdair MacIncyre)，《追寻美德》(Après la vertu)，劳伦特·伯里 (Laurent Bury) 译，法兰西大学出版社，2006。

自二十世纪六十年代起，英美学界兴起了一种以德性伦理为旗帜的道德观，它彰显亚里士多德的回归，提倡用亚里士多德所定义的"德性"概念解读道德困境。英美道德哲学的这个派别今天已有众多追随者，你手中的这本《与亚里士多德一起投入行动》便深受其影响。而麦金太尔的《追寻美德》则是这个派别既精彩又吸引人的入门读物，它向我们展示了为什么亚里士多德的思想在今天比在以往任何时候都更有意义。

图书在版编目（CIP）数据

与亚里士多德一起投入行动 /（法）达米安·克莱热 –
古诺著；魏琦梦译. —上海：上海三联书店，2023.5
ISBN 978-7-5426-8046-4

I. ①与… Ⅱ. ①达… ②魏… Ⅲ. ①哲学 – 通俗读
物 Ⅳ. ① B-49

中国国家版本馆 CIP 数据核字 (2023) 第 048049 号

Agir avec Aristote © 2012, Editions Eyrolles, Paris, France.
This Simplified Chinese edition is published by arrangement with Editions
Eyrolles, Paris, France, through DAKAI - L'AGENCE.

著作权合同登记　图字：09-2022-0988

与亚里士多德一起投入行动

著　　者	[法]达米安·克莱热 – 古诺
译　　者	魏琦梦
总 策 划	李　娟
策划编辑	李文彬
责任编辑	苗苏以
营销编辑	张　妍
装帧设计	潘振宇
封面插画	潘若霓
监　　制	姚　军
责任校对	王凌霄

出版发行　上海三联书店
　　　　　（200030）中国上海市漕溪北路331号A座6楼
邮　　箱　sdxsanlian@sina.com
邮购电话　021–22895540
印　　刷　北京盛通印刷股份有限公司

版　　次　2023年5月第1版
印　　次　2023年5月第1次印刷
开　　本　787mm×1092mm　1/32
字　　数　100千字
印　　张　6.25
书　　号　ISBN 978-7-5426-8046-4/B·822
定　　价　54.00元

敬启读者，如发现本书有印装质量问题，请与印刷厂联系18911886509

人啊，认识你自己！